環境問題
アクションプラン
42

意識改革でグリーンな
地球に！

地球環境を考える会

三和書籍

まえがき

〝はじめに言葉ありき〟（ヨハネ伝第一章）といわれるほど言葉はすべてを表す。〝パンとサーカス〟という言葉をご存知の方は多いと思うが、この言葉を自分の生活に関係すると考える人はあまりいないのではないか。もちろん、この言葉は当時、偉大な先進国家であったローマ帝国を滅亡に追いやったローマ人の生活態度について述べられたものであって、現代人が無縁のものと考えるのは何の不思議もない（地中海を支配し多くの属州からの富によってローマ市民は食糧生産という労働からは解放されていた。次にローマ市民が求めたものは娯楽であった。当時の権力者は、政治的な問題から市民の関心をそらすために市民にさまざまな娯楽を与えた。このことによってローマ市民は政治に関心を失い堕落していった）。しかし、現実の社会を立ち止まって客観的に眺めてみると、特に日本社会は〝パンとサーカス〟にあふれかえっている。

例えば、テレビを一日中つけてみれば、そのことが良く分かる。まずパンの方であるが、料理番組やさまざまな美食をテーマにした番組も多い。というより全ての番組にグルメ情報が含まれている。美味でなければ食すに値しないといわんばかりである。世界では四秒に一人は餓死者が出ているというのに。過度の美食は飢えに苦しんでいる人々に対する配慮に欠けた行為ではないのか。次にサーカスのほうであるが、ローマ時代のような奴隷の剣闘士を死ぬまで戦わせるというほどの残酷さはないが、現在の格闘技のほとんどがサーカスの要素を強く持っている。そしてオリンピックもその延長上にある。プロスポーツも同類である。これらの番組は国民の好みの表れと考えて差支えない。即ち、現在の日本人はローマ時代と変わらない。いや、もっともっと人間の欲望をあからさまにした人々である。

ギリシャの哲学者プラトンの四つの徳目の中には正義や知恵そして勇気と共に節制という徳目が掲げられているというが、まさに科学技術の発展はともかく、人間はこうも変わらない生き物なのかとため息が出そうである。人類は、宇宙船地球号が難破しかけているのに、その船上で殺し合いのけんかやグルメな大食いの宴会とお笑いやスポーツの見世物に馬鹿騒ぎを続けている愚民の集団である。しかも、船底では多くの難民が飢餓と船酔いに苦しんでいることを知りながら何もしようとしない。

そして、政治は国民の人気取りで、まさにポピュリズムに陥っている。この本を手にしているあなたはもうお分かりと思うが、環境問題の要は価値観の問題であり何に優先順位をおくかという根源的な問題を突きつけているのだと認識することである。行き過ぎた美食は現在の餓死者に対して許しがたい行為であると同時に、未来の人に対しては残すべき資源を無駄に消費している明確な迷惑行為である。人間は知恵を持ったがゆえに自分を勝手に他の生物に対して一格上の存在のように考えているが何の根拠もない。他の生物の九九・九九……％がその種を残すことを本能として生きている。しかし、人間も同列の生物として考えてみれば、人間の最優先課題も種を残すこと以外にないではないか。もちろん子供を持つか持たないかという生き方の自由は個人にあるし、子供を持ちたくても持てない人もいることは現実として受け入れなければならないが、種全体としてみれば、命を繋げていくことは自明の重い課題である。その視点に立てば〝パンとサーカス〟にうつつを抜かす現代人の愚かさがはっきりと見えてくる。現代社会の様々なルールは、現在という時を同じくして生存している人々の間でのルールでしかなく、その目指すところは豊かさの実現であり、いかに人類の長期的な生存のためのルールから外れた刹那主義的なものであるかが理解されよう。地球規模の問題である環境の問題を解決するには国境を越えた取り組みが必要となるが、その第一歩は全ての国のあり方を人類の永続的な生存のために行動するとしなければばならない。これは、各国が国民の幸せと共に環境問題に対する対応を重要な政策課題としなければならないということを意味している。〝パンとサーカス〟は人類滅亡への予兆として常に戒めて、プラトンの徳目のように節制を旨として生活態度を改めなくてはならない。一時はやったDINK'S（ディンクス：Double Income No Kids）という言葉のように、子供を作らず共働きで贅沢をしようなどという価値観が受け入れられた時期もあった。現在では孤独死が話題になっている。ディンクスが直接孤独死につながるわけではないが、大きく考えると当然の帰結ともいえる。

本書をお読みいただいて、全ての方が環境問題を正しく認識し何らかの行動を起こしていただければ、この上もない幸せと思う次第である。倫理とは、簡単に言えば人間が社会を構成するがゆえに、その社会が円滑に摩擦なく生きていくためのルールであるとすれば、環境問題はその適用範囲を遥か時間と空間を超えて適用することを人類に要求するものである。最近、地球に優しいというコピーが良く使われるが、この言葉は誤解を与えかねないコピーである。これは人類の永続性に都合の良い環境を維持するために、すなわち人間に優しいということを言っているのであり、正しく読み替えておかないと間違いのもとになる。

従って、我々はまず環境問題の本質を探り、一定の理解の上で、これまでの価値観を再点検して新しい価値観の下で一日も早く行動を起こすことを求められていると考えなくてはならない。

それに環境問題は温暖化だけではない。例えば、現在までの化学薬品などは人体に有害であっても許容限度以下であれば人体に影響はないという考え方で使用が許可されている。何らかの予期せぬ出来事で、例えば、その薬品が食物連鎖などの理由で濃縮されるとか、複合されて有害に変わるとか化学の分野では過去にもそういったことで許可が取り消された薬品もある。クスリはリスクであるという事実も多い。予見不能な事態がありうることを考えておかないと一〇〇〇年の時間の重さには耐えられない。温暖化の阻止のために科学技術の進歩を期待する人が多いが、温暖化の問題は科学技術の陰の部分が表に現れ始めたのであり、むしろ科学技術の陰の部分が被告人である可能性が高い。

歴史の中で大半の年月、人類は自然を恐れ自然は信仰の対象であった。産業革命以降の歴史を見れば近代から現代のごく短い期間に、環境問題という難問を抱え込んだのである。この問題を考えるには、一度、産業革命のスタート時点まで立ち戻って考える必要がある。そして、この環境の問題が科学技術だけの問題ではなく、人文科学、社会科学の問題でもあることを認識しなくてはならない。しかし、ＮＨＫの最近のアンケート調査によると六二％の人が環境問題は科学技術の発展で解決できると答えている。これはまだ多くの人が環境問題を自分の問題だと考えていないということを示している。

現代社会の抱えている問題点も熟知する必要がある。先にも述べたが、現代社会のルールは現在生存している人々の間で認められている基本原理でしかない。環境問題は過去と未来、その間にある現代の人々の間の世代間の衡平の問題であり、これを公正に扱う方法論はいまだ無いといっても過言ではない。この視点で見るとさまざまな現代人の行動は自滅的行動と見えるかもしれない。現代世相は人類種の種としての生命力の低下ではないか。子孫に繋ぐことを優先的課題（価値）としたとき、持続可能な社会の実際の形を一刻も早く具体的に見出す必要がある。競争に勝って自己実現し、他人より豊かにならないと負け組みになるという価値観に押しつぶされている現代人も、種をつなぐことに何らかの形で寄与出来ればそのことを喜びとして生きていける。少しでも多くの人に本書が考えるきっかけとなれば、この上もない喜びと考える。

二〇〇九年三月

環境問題アクションプラン42　目次

第4章　もっと木を植えよう

第5章　我々の生き方を考え直す（先人の知恵に学ぶ）

第1章

今、地球環境に何が起きているのだろうか

本章の目的は下記の二つである。

(i)　まず、地球環境が予想を超えて急速に悪化している状況を最新の情報によって把握する。それによって皆さんと危機意識を共有したい。

(ii)　次いで海外諸国の取り組みを通観する。我が国の認識、対応が相対的に甘いと認識することになるだろう。

1　現実は予想以上に悪化している

二〇〇七年一一月、ＩＰＣＣ（気候変動に関する政府間パネル）は最終的に第四次評価の統合報告書を発表した。三年の歳月、世界一三〇カ国・四五〇名の代表執筆者、八〇〇名の執筆協力者、二五〇〇名の専門家による査読等を経てのことだった。結論は、「気候システムの温暖化には疑う余地がない」。そしてＩＰＣＣは、施策を急ぐよう政策決定者に政治的決断を促した。

ＩＰＣＣが学問的に環境問題を浮かび上がらせた労苦と功績は大きい。それはノーベル賞の受賞となって評価された。しかし、ＩＰＣＣの報告には、やむを得ない限界がある。

- ＩＰＣＣの報告は直近の二年間の気候変動を対象にしていない。
- コンピュータの予測モデルはその時点で最良のものを用いた。しかし、全ての現象を表現できている、とは言いがたい。

- 学者の間に見解の相違があり、報告を纏めるための妥協があった。
- 科学者は、学問的に確認されるまで控えめな表現をする傾向がある。

年が明けて二〇〇八年一月二四日、ダボス会議でアル・ゴア元米国副大統領は「気候危機はIPCCが我々に警告した最も悲観的な予測よりも、さらに急速に、さらに悪い方向に進んでいる」と述べた。

それはこれから述べる事実が如実に示している。

(1) CO_2濃度が予想以上に上昇

化石燃料の燃焼に起因するCO_2排出量は、二〇〇〇年から二〇〇七年にかけて平均三・五%の増加率（年率）を示した。これはIPCCの二〇〇〇〜二〇一〇年の推定年間増加率二・三%平均（最悪ケース）をかなり上回る。

直近の二〇〇七年の大気中のCO_2濃度は過去最高の三八三・一ppmに達した。

CO_2は赤外線を吸収して宇宙への拡散を防ぐので、温室効果ガスとして機能してしまう。すなわちCO_2の増加は温暖化を加速させる。

(2) 氷河の融解が加速

北極、グリーンランド、南極、ヒマラヤ氷河、シベリア凍土ではどんなことが起こりつつあるだろうか。ドイツの気候変動ポツダム研究所は、ヒマラヤとグリーンランドの氷河がこれまでの二倍ないし三倍の速度で融けている、二一〇〇年までに海面が一メートル上昇することを覚悟すべきだ、との見方を発表している。この予測は、IPCCの最も悲観的な予想(一八~五九センチ)をはるかに上回る。

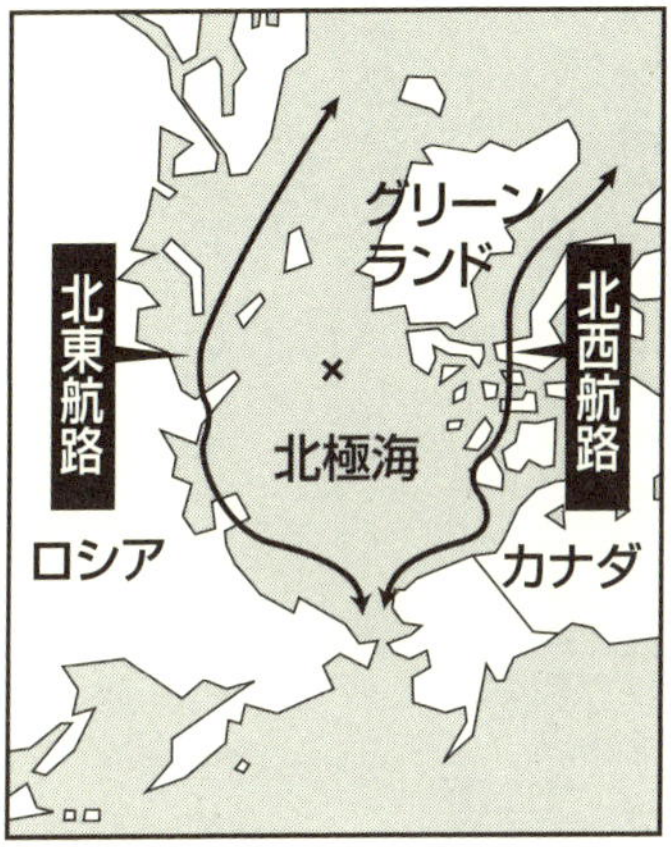

図1　北極の2航路が開通
出所：北海道新聞(08.9.9)

❖北極

北極海氷は、IPCCの予測より三〇年ないし四〇年前倒しで融解している。二〇〇七年には記録的な海氷減少が見られ、二〇〇七年九月二四日には衛星観測史上最少になった。二〇〇八年九月初旬に人類史上初めて北極回りの北西航路と北東航路が開通したことは温暖化の影響を最も劇的に示すものとなった(図1参照)。欧州・アジア間の海洋航路として二〇一三年にも恒常化したルートとして定着するのではないかと言われているし、地下資源（石油・ガス）の採掘競争が現実的な課題として浮上してきた。

北西航路に関してカナダ政府は領海権を主張し、ブッシュ前米国大統領は「公海」と主張している。

❖グリーンランド

グリーンランドの氷床は巨大だが、融解の進展が注目を浴びている。懸念されるのは、
①表面の氷が融けて、湖を形成する
②湖からの水が氷床の割れ目を伝わって氷床の底部と基盤岩の間に流れ込む
③その水流が潤滑油の働きをして基盤岩上の氷河を滑らせる
④氷河の流出が促進されて海水面に落下していく
という現象である。

このまま温暖化が進めば二〇一六年頃に全面融解が始まるのではないか、との見方がある。

❖南極

西南極の半島部で相対的に温暖化が進み、棚氷の崩壊が顕著だが、内陸部や東部でも温暖化が観測されると米国ワシントン大学などが発表している。

二〇〇八年七月、欧州宇宙機構（ＥＳＡ）は、南極半島の氷河の先端部分に位置する巨大

なウィルキンス棚氷（面積は約一万六〇〇〇平キロメートル）が半島から分離する寸前にある、と発表した。英国南極調査所のデビッド・ヴォーガン教授は「ウィルキンス棚氷は三〇年以内に消滅すると予測していたが、実際には想像以上のスピードで消滅している」と述べている。

ウィルキンス棚氷を追って、とてつもなく巨大な南極氷床――体積二四七〇万立方キロメートル、グリーンランドの約九倍――が半島から海に崩落し始めると海水面は顕著に上昇する。

❖ヒマラヤ氷河とシベリア凍土

ヒマラヤ山系は七カ国（インド、中国、パキスタン、ネパール、ブータン、ミャンマー、アフガニスタン）にまたがり、一万五〇〇〇を数える氷河と九〇〇〇の氷河湖を抱える。氷河の急激な後退が進んでいるが、氷河が融けると、表面に発生する藻類が太陽光を吸収しやすくなり、融解がさらに進んでしまう。氷河湖の水位が上昇し、二〇〇〇の氷河湖が決壊の危険性を抱える。決壊すれば麓の都市村落を洪水が襲う。

中国の氷河学の第一人者、姚壇棟氏は、中国西部のチベット・青海高原の氷河でも融解が加速していると指摘する。青海は黄河、揚子江、メコン河の水源地帯だが、氷河の融解により乾期の河川水を維持するのに十分な融氷が流れ込まなくなる恐れがある。流量が不足して水不足と農作物の収穫減少（飢饉）を招くことになろう、と懸念する。

シベリアでは、二〇〇五年から二〇〇七年にかけて地温が劇的に上昇し、凍土融解が急激に進行している。二〇〇七年にメタンの濃度が急激に上昇して過去最高になったのは、北極圏の永久凍土が融解してメタンを放出したことが一因とされている。

（3）生物種が減少していく

生物多様性とはどういうことか。一九九二年の地球サミット（リオデジャネイロで開催された環境と開発に関する国連会議）で与えられた定義は、

「すべての生物（陸上の生態系、海洋などの水界生態系、これらが複合した生態系、その他生息の場のいかんを問わない）の間の変異性をいうものとし、種内の多様性、種間の多様性および生態系の多様性を含む」

である。

生物は四〇億年弱の進化の歴史を有する。その結果、多種多様な生き物が地球のあちこちでそれぞれの生活を営み、さまざまな生態系を形成している。その生態系は人類にさまざまなサービス（いわゆる生態系サービス）を提供している（図2参照）。

この生物多様性が、温暖化、生息地の破壊、環境汚染、過度の狩猟、外来種の導入などに

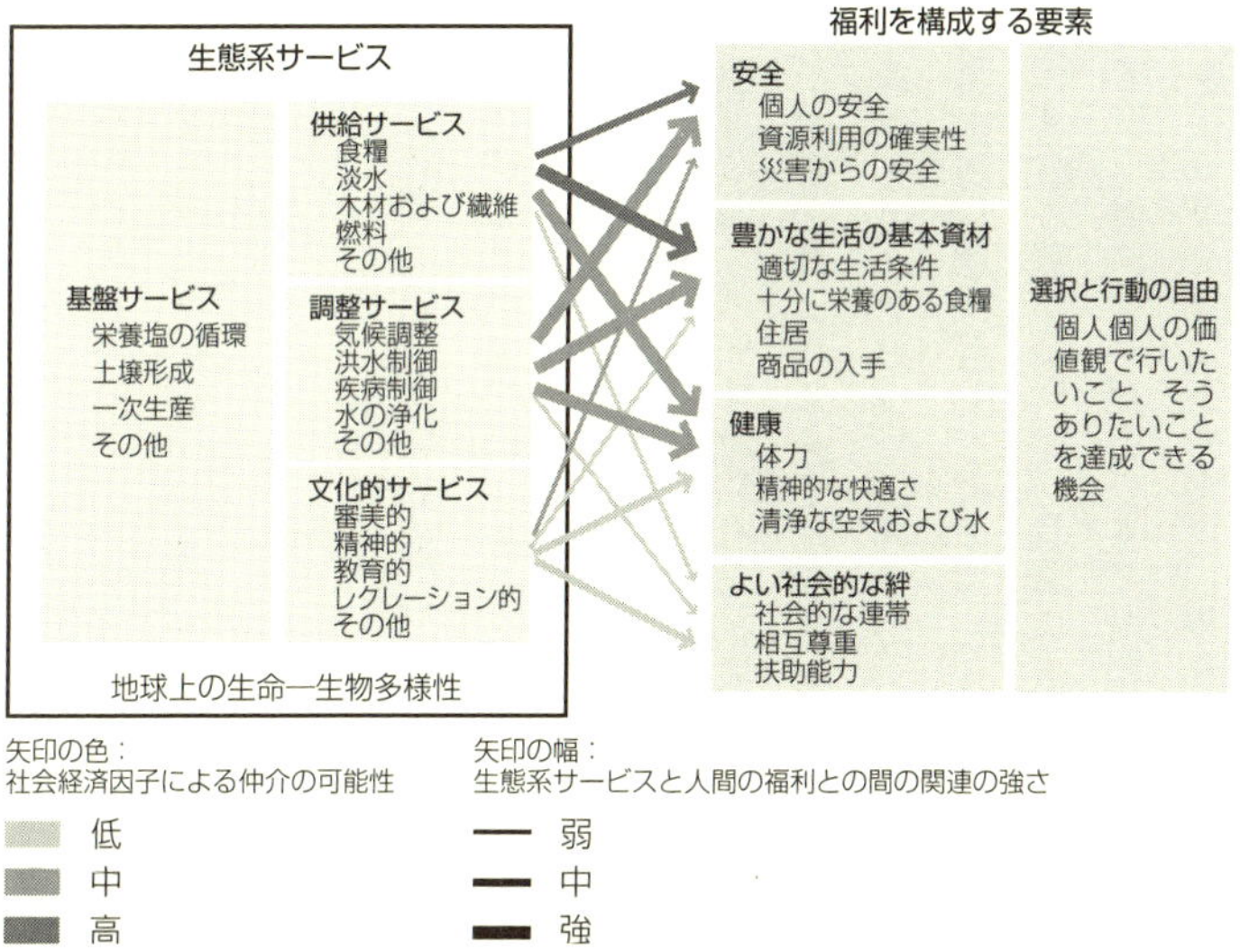

図２　生態系サービスと人間の福利の関係

出所：ミレニアム生態系評価報告書　「平成19年版　環境・循環白書」　第２章参照

よって、想像以上に危機に瀕している。国際自然保護連合（ＩＵＣＮ）が毎年発表するレッドリストは、動植物四万四〇〇〇種の持続可能性の指標となっているものだが、二〇〇八年秋には、哺乳類四〇〇〇種のうち少なくとも二五％が絶滅の危機にさらされていると発表した。なかでも「人類の親戚」である霊長類六三四種のうち半数と海洋哺乳類（クジラやイルカ）が、「想像をはるかに超えて極めて深刻な状況にある」と述べている。

　生物多様性条約締結国会議（ＣＯＰ）は、次回は二〇一〇年に名古屋市で開催される。各国は、多様性の損失速度を二〇一〇年までに著しく減少させることになっているが、名古屋では「二〇一〇年目標」の総括を行い、次いで二〇一一年から二〇二〇年までの一〇年間の数値目標「ナゴヤ・ターゲット」を定める。また、「生物資源へのアクセスと利益配分」に関する国際的枠組み作りが進展していない。これも名古屋での解決が期待される。

（４）食糧・資源の欠乏が進行

ここでは、食糧問題（特にバイオ燃料との相克）、水資源、石油、金属資源を取り上げて現況を確認してみたい。

❖食糧問題（バイオ燃料との相克）

バイオ燃料（バイオエタノールとバイオディーゼル）の利用促進を進める国々は、その理由として、CO_2排出減、石油価格抑制、安全保障（原油の中東依存を軽減）、農家保護、内需・雇用創出等を挙げる。

国連食糧農業機関は、食糧になりうる穀物のバイオ燃料転換は二〇〇〇年から二〇〇七年までに三倍になったという。食糧向けの供給減は、グローバルに食糧・飼料向けの供給減を招き、トウモロコシや大豆、小麦の史上最大級の価格上昇が起きただけでなく、食品価格全般の高騰にも広く波及した。世銀資料によれば、二〇〇二年から二〇〇八年二月までの間にバイオ燃料に影響されて食糧価格は七五％高騰したと推定される。

これは、倫理的、政治的な問題を引き起こしている。二〇〇五年において、食糧を輸入している低所得の八二カ国のほとんどが石油も輸入している。穀物価格も石油価格も高止まりすれば、貧乏な国は財政的な制約から穀物や石油の輸入を削減せざるを得ない。結果として、食糧不安にあえぐ。二〇カ国余りで民衆が抗議行動や紛争を起こし、政治的緊張を招いている。

今後、食糧問題（需給・価格）はどうなるだろうか。成長が続く中国やインドをはじめとして、生活水準の上昇に加えて人口増もこれあり、食糧需要増が続く。石油価格の高値も続くだろう。穀物は燃料用途に引っ張られて食糧向け供給は不足気味となり、穀物価格が著しく下がることはないと思われる。

米国の国際食糧研究所（ＩＦＰＲＩ）は、次の通り価格高騰を予想する。

▼トウモロコシ価格が二〇一〇年までに二〇％、二〇二〇年までに四一％上昇するだろう。

▼脂肪種子（大豆、菜種、ヒマワリの種子など）は二〇一〇年までに二六％、二〇二〇年までに七六％上昇するだろう。

OECD（経済協力開発機構）は、バイオ燃料に関し次の通り指摘している。
▼OECD諸国が行っている支援は高コストを招き、それを消費者が負担する形になっている。
▼輸送用バイオ燃料の温室効果ガス削減やエネルギー安全保障への影響は限定的である。
▼むしろ世界の穀物価格への影響が大きい。今後一〇年間にバイオ燃料の生産・消費が二倍に膨らみ、各国が二〇〇七年並みの支援策を継続していけば、食糧価格をさらに押し上げる（植物油一九％、トウモロコシ七％、小麦五％など）。
▼食糧生産と競合しない第二世代バイオ燃料の開発加速、関税撤廃による国際取引拡大、農地開発、環境保全などを推進すべきである。

飢えに苦しむ栄養不良の人々は二〇〇七年には九億二三〇〇万人（国連食糧農業機関）、その数は二〇二五年には一二億人に達すると、ランゲ教授（ミネソタ大学）らは推測している。

このような問題指摘があっても、ブッシュ前大統領が率いる米国連邦政府の姿勢は変わらなかった。石油消費を減らすエネルギー安全保障の強化と農業界の支援が国策であって、バイオ燃料のさらなる利用促進を図る方針を堅持した。

ＥＵは、力点を菜種やヒマワリの種からのバイオディーゼル生産に置いてきた。目標とする自動車燃料に占めるバイオ燃料比率は、二〇一〇年までに五・七五%、二〇二〇年までに一〇%としていたが、その高い目標が森林の伐採と食糧難を招く恐れがあるので、二〇二〇年の目標は五%に下げた。

東南アジアでは、広大な熱帯雨林を伐採・焼畑して油ヤシの木を植え、バイオ燃料にあてる構えである。このこと自体が多様な問題を引き起こすであろうことは想像に難くない。

バイオ燃料がもたらす食糧価格アップ、食糧供給圧迫、森林破壊、農業用地転用、生産・輸送コスト等々の要因をまとめて考えれば、むしろ在来燃料が勝るのではないか、との懐疑論が出ている。二〇〇八年二月八日の Science 誌掲載論文は、次の通り指摘する。

▼温室効果ガスを大量に吸収している植生を伐採して土地を開墾しなければならない（既存の農地を転換する場合には、食物用作物を栽培する代替場所として新たな農地が必要となる。その開墾が必要であるし、そのために居住環境を破壊せざるを得ないこともあろう）。

伐採、開墾のエネルギーが必要であり、開墾により切られた樹木や植物に蓄えられたCO_2が大気中に放出される。

新たな開墾時に放出されるCO$_2$の量は、生産されたバイオ燃料を使って削減されるCO_2排出量の一七倍から四二〇倍に相当する。したがって一七年ないし四二〇年をかけないと相殺されない。

▼燃料となる作物を育て、収穫し、工場で精製するためのエネルギーを考慮するべきだ。

OECDは、ライフサイクルを考えれば、化石燃料より環境的に明確に優れていると言えるのは、使用済み食用油起源とブラジルのサトウキビ起源のバイオ燃料にとどまるのではないか、と述べる。食糧生産と競合しない第二世代バイオ燃料の開発促進と言うが、十分な数量確保と長期的な安定供給をはかれるのか、むしろ自動車利用の抑制ないし水素などの代替エネルギー利用促進策が第一義ではないか、との声もある。バイオ燃料の功罪比較は、早急に正解を詰めなければならない問題である。

❖水資源

世界は、食糧不足もさることながら、むしろ水不足に直面する。一日に一人が飲む水は二リッター程度だが、喉を通る食糧生産に使われた水を含めれば三〇〇〇リッターに達する。

国際水管理機関（ＩＷＭＩ）は、農業は、二〇三〇年までにさらに年間二〇〇〇立方キロメートルないし現在より二五％増の水を必要とするようになるだろう、と見ている。

問題の深刻さを示すいくつかの事実を列挙する。

▼世界では、

- 一二億人（地球上の五人に一人）が安全な飲料水を飲めない。
- 毎年五〇〇万人〜一〇〇〇万人が水が原因で死亡する。
- 途上国における病気の八〇％は汚水が原因である。
- 八秒に一人ずつ、子供たちが水が原因とされる病気で死亡する。
- 二〇二五年には一八億人（地球上の三人に一人）が極端な水不足に陥る。
- 中東の水資源をめぐる政治力学は複雑で危ない。

ちなみに、日本の輸入品を生産するのに、二〇〇五年において約八〇〇億立方メートル、日本国内で使われている年間水量とほぼ同量が海外の生産地で使われている。ほとんどは食糧生産にかかわる水量である。つまり、我々の食生活は海外諸国の水によって支えられているのであって、海外の食糧生産地が水不足や水質汚濁で生産が減れば、また生産国が輸出制限をすれば、食糧自給率四〇％の脆弱な日本の食糧供給はピンチに陥る。

❖石油

石油価格は急速に高騰した。世界的な需要の伸び、減衰する確認埋蔵量、産油国の供給能力制約、地政学的リスク、投機資金の流入等が原因である。石油資源の枯渇問題については、経済産業省の「エネルギー白書」（平成一九年度版、二〇〇八年五月刊）は今後の可採年数を四〇年程度と見ている。しかし一九五〇年代から「石油の寿命はあと三〇年」と言われながら今日まで供給が継続されてきた事実もある。供給サイドには、原油の新規発見・確認の努力、回収率の改善、オイルサンドやオイルシェールからの生産、需要の強さや価格インセンティブ、再生可能エネルギーなど代替燃料の伸び等、多様な要因が絡んでいて、一概には供給限界を見通せない。

しかし、現実に二〇〇六年には三一〇億バレルを採掘し、新規発見は九〇億バレルであった。石油依存が進めば進むほど、掘れば掘るほど確認埋蔵量が減るであろうことは否定できない。国際エネルギー機関の二〇〇八年版「世界エネルギー見通し」は、二〇三〇年の原油価格は需要増を反映して一バレル当たり二〇〇ドル超と見込んでいる。

❖金属資源

金属資源の枯渇については既に体験ないし予想されるところであり、対応する動きがグ

表１　枯渇していく金属資源

2020 年までに現有埋蔵量を使い切ってしまう	金、銀、鉛、錫
2050 年までに埋蔵量ベース（注）をも超えてしまう	金、銀、鉛、錫、銅、亜鉛、ニッケル、アンチモン、インジウム
比較的豊富とされるもの	2050 年までに、白金、モリブデン、タングステン、コバルト、パラジウムは現有埋蔵量を超過、鉄は現有埋蔵量に匹敵する量を消費

（注）技術的には採掘可能だが、低濃度、経済的理由などで採掘対象とされていない資源量
出所：独立行政法人　物質・材料研究機構発表の「2050 年までに世界的な資源制約の壁」（2007.2.15）をもとに作成

ローバルに現れている。物質・材料研究機構が表１に見通すように、このままいけば「二〇五〇年には現有埋蔵量の数倍の金属資源が必要になる」。希少資源はますます戦略物資化する。生き残りのために、資源争奪、採掘・利用技術の改善、回収再利用、代替材料の開発競争などが激化していくと思われる。

(5) 海が病んでいる

海水温の上昇によって――たとえ一℃に達しなくても――珊瑚礁の白化が徐々に進行している。それはサンゴ礁に生息する何百種もの生物の生存が（ひいては我々が食する魚類が）危機に陥ることを意味する。

シカゴ大学の研究チームは、CO_2が海水に融けると炭酸を生じ、海洋の酸性化を高めるが、その現象が予想の一〇倍以上の速度で進行し、海洋の生物やCO_2吸収能力の減退を招いている、と発表している。二〇〇九年一月三〇日には、

一五〇人の海洋科学者が「モナコ宣言」を発して、酸性化が自然の速度より一〇〇倍の速さで高まっているので、ほとんどのサンゴは二〇五〇年までに死に絶えるだろう、と警告した。

クラゲが、地中海沿岸、黒海、アフリカ、英国、米国、オーストラリア、ハワイ、揚子江河口、日本海などで大量かつ広範に、今まで見られなかったところまで出没するようになった。天然の捕食動物であるマグロ、サメ、メカジキなどの魚類の過剰採取、温暖化による海水温の上昇や乾燥した天候（降雨の減少）、汚染による沿岸浅海での酸素の枯渇、などが重なったためと科学者は見ている。

水中の酸素が欠乏して生物が生息できない「死の海域」（デッドゾーン）が沿岸域に増加し、世界で四〇〇カ所、計二万四〇〇〇平方キロメートルに達している。窒素分が多い化学肥料が陸から流入し、富栄養化で藻などが繁殖する、それが死んで海底に堆積し分解する、その過程で酸素を消費する、海藻以外の生物は死滅する、漁業が壊滅する、という負の連鎖の現象である。米国では、イリノイ州、アイオワ州などで、バイオ燃料用エタノール向けにトウモロコシを増産しようとして投入した窒素肥料がミシシッピー川を経てメキシコ湾に流れ込んでこの現象を起こしている。

表2　天候災害の被害が増加

	2007年	コメント
自然災害件数に占める天候災害比率	91%	地震、津波、噴火等を含む
自然災害の経済損失に占める天候災害比率	81%	
天候関連の経済損失額	690億ドル	前年比36%増
自然災害の保険金に占める天候災害比率	97%	
自然災害の死者に占める天候災害死者	95%（15,295人）	半数以上が洪水による

出所：Worldwatch

(6) 天候に起因する災害・疾病が増加

二〇〇七年、イタリアなど欧州南部、ルーマニアやブルガリアなど欧州南東部、インドなどを熱波が襲い、死者が続出した。前年の七月にも、米国や欧州では熱波による死者が出ている。

世界全体では、天候が原因で起きた災害が二〇〇七年には八七四件あった。二〇〇六年比一三％増だという。被災者の八九％、死者の五九％がアジアに集中している。原因としては、人口増、生活水準向上、都会への人口・財の集中等が挙げられる。

ライム病、西ナイル熱がカナダまで北上した、と野生動物保護協会（WCS）の報告書は警告している。

2　このままであれば地球環境はさらに悪化する

悪化した地球環境の現状をこれまでみてきたが、さらに環境劣化を加速させる事態が進行しつつあることを認識しておかなければならない。

(1) 世界人口は増加する

地球上の総人口は現在六三億人。二〇五〇年までに三〇億人増えて九二億人に達する。途上国で人口が増え、七五%は都市での生活を求める。

世界エネルギー市場からみれば、途上国の消費は現在四一%しか占めていないが、人口増と生活水準の向上で、二〇一五年には四七%、二〇三〇年には五〇%強のシェアを占めると国際エネルギー機構(IEA)は推定している。

世界のCO_2排出量は、新たな対策を講じない限り、二〇三〇年までに二〇〇五年比で五一%増加する(二八一億トンから四二三億トンに)が、排出量の伸びは、OECD加盟先進国が七%、非OECD加盟国(途上国)が七二%を占めると米国エネルギー省は推定する。

(2) 大量生産・大量消費・大量廃棄型の経済成長がやまない

中国、インド、ロシア、ブラジル、ベトナム等々の新興国の経済成長率の伸びは著しい。このまま化石燃料に依存して大量生産・大量消費型の経済成長を続けるならば、当然のことながら温室効果ガスの排出量が増加し、地球環境の悪化が進む。

資源と環境の制約によって、従来の大量生産・大量消費・大量廃棄型の経済成長は限界にあることは明らかである。人口が九〇億人に達する人類は別の文明を選択しなければならない。その転換は早ければ早いほど良いことも明らかである。

(３) 石油・石炭への依存が続く

世界の石油需要は、ＩＥＡの推定によれば、二〇〇八年から二〇一三年に至る五年間、エネルギー新興国（中国、インドなど）を中心に年率一・六％の伸びを示すという。

二〇三〇年までの長期的なエネルギー需要はどうなるか。CO_2の排出量はどうなるか。従来通り化石燃料に依存しての経済成長を追求していくならば、人口増加も加わって、次のようになるとＩＥＡは推定し、強い警告を発している。

- このまま推移すれば二〇三〇年の世界のエネルギー需要は五五％増加する（〇五年対比）。石油消費は三七％増（〇六年対比）、石炭消費は七三％増（〇五年対比。大半は中国とインド）。
- 化石燃料の使用量増によって、CO_2排出量は二〇三〇年には五七％増加する。

・すべての国があらゆる政策を展開して、かつ革新的な技術を導入して、より安全でより低炭素のエネルギーシステムへの移行を、迅速かつ精力的に断固としてスタートさせねばならない。二〇三〇年までに二℃／四五〇ppmCO_2以下がターゲットであるべきである。

今後一〇年間がカギを握る。

3　子供や孫を温暖化地獄に追いやってはならない

このまま年々CO_2が蓄積されていくと、ある時点でたとえCO_2の排出を全面的に止めてゼロにしたとしても、堆積したCO_2の熱的慣性が働いて気温上昇が進んでしまう（ポイント・オブ・ノーリターン）。

平均気温が二〇〇〇年対比で二℃（四五〇ppmCO_2）上昇した時点で地球環境には破滅的な状態が現れ始める（表3）。世界自然保護基金は、“2℃ is Too Much”という報告書を発表して、南極の皇帝ペンギンの五〇％、アデリーペンギンの七五％が生息しえなくなってしまうと指摘する。二℃／四五〇ppmCO_2以内が限界であり、ターゲットにすべきだと言われるゆえんである。

三℃（五二五ppmCO_2）上昇した事態は、気候がほとんど崩壊してしまうリスクが高い。馬車、車両などが暴走しだしたら手がつけられないように、温度上昇が温度上昇を呼ん

表３　気温上昇が及ぼす影響

1980-1999に対する世界平均気温の変化（℃）

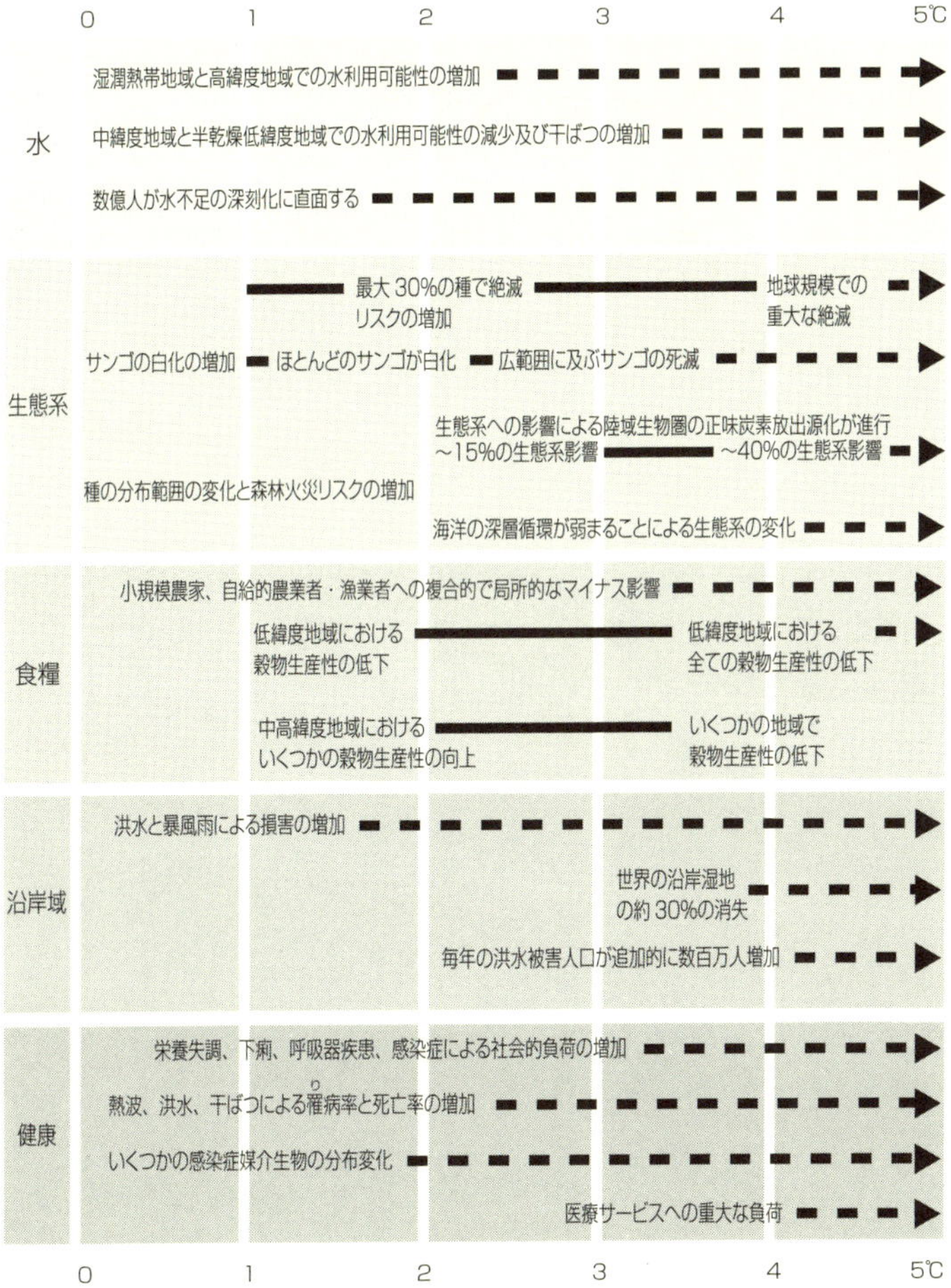

出所：IPCC 第４次評価報告書 「統合報告書　2007 年 11 月」 環境省資料

で地球環境は暴走を始める（ランナウェィ）。

福田首相（当時）肝いりの「地球温暖化問題に関する懇談会」の第二回（二〇〇八年四月五日開催）懇談会で山本良一委員が説明した資料の一部を別掲させていただいた（表４）。北極海氷の融解は既に始まり、これは地獄の一丁目に差し掛かっている証と考えられる。約二〇年後にはプラス二℃を突破、二〇五〇年頃にはプラス三℃を突破する。このままであれば、あと四〇年くらいで地獄の五丁目に到達する。

重ねて述べるが、気候温暖化がこれ以上進行すればポイント・オブ・ノーリターンやランナウェィが現実の問題となって地球環境は末期的な様相を帯びてくる。誰しもこんな事態は何としても食い止めたい思いであろう。そのためには急ピッチで今後一〇年以内に温室効果ガスの増勢（ピークアウト）を終わらせねばならない。二〇五〇年には五〇％減（世界平均）ないし八五％減（先進国）を達成しなければならないと強調される次第である。

国際社会はこのような環境悪化見通しに危機感を抱き、総力をあげて食い止めようと緊迫感をもって真剣に取り組んでいる。次にそれを見てみよう。

なお、温暖化の進行について疑義をはさむ論者がいないわけではない。ここで、そのことについて筆者の意見を述べておきたい。

表４　温暖化地獄

地球温暖化最悪の場合どうなるか

政治もビジネスもこれまで通りならば、
“温暖化地獄”は次のように進行する可能性が高い

地獄番地	ティッピング要素 気候システムのアキレス腱	ティッピングポイント（臨界点）を 越える予測時期
１丁目	夏季の北極海氷の消滅	既に越え、５年以内消滅か
２丁目	グリーンランド氷床の全面融解の開始	2016年頃か
３丁目	寒帯の森林の枯死	2050年頃までに
４丁目	西南極大陸氷床の崩壊	〃
５丁目	アマゾン熱帯雨林の枯死と砂漠化	〃
６丁目	サハラ緑化及び西アフリカのモンスーン	崩壊2100年頃
７丁目	エルニーニョ南方振動の振幅増大	〃
８丁目	大西洋の深層海洋循環の崩壊	〃

地球の表面温度上昇に敏感なのは、グリーンランド氷床、西南極大陸氷床、アマゾンの熱帯雨林、大西洋の深層海洋循環の順であると考えられている。

Ref. Timothy Lenton and Hans Schellnhuber
Nature Reports Climate Change
Vol.1,p97,December 2007

出所：「地球環境問題に関する懇談会」（2008年４月５日開催）に提出された山本良一委員の資料

①少数の異論よりＩＰＣＣの二五〇〇人の科学者が導いた結論を尊重したい。

②実際に外に出て現地・現物・現状を見よう。温暖化以外に説明がつかない厳しい事実に圧倒されよう。

③予防原則で考えよう。次世代への責任を考えよう。反論を信じて対策をとらない時、もしその論が間違いで温暖化が進行したならば、取り返しがつかない事態になってしまうだろう。間違っていると言われようと温暖化対策を進め、仮に間違っていたとしても、

失うものがあるだろうか。

例えば再生可能エネルギーの促進は、いずれ枯渇する有限の資源に頼らないことであり、エネルギーの安全保障を確立する道でもある。

④我々は地球の限界を超える文明に至った。持続可能性の危機に直面している。温暖化もさることながら、根源的に考えるべきは新しい文明の構築である。

4 国際社会は危機感を持って環境の悪化阻止に立ち上がっている

危機的な状況にあるからといって、手をこまねいているわけにはいかない。人類には叡智がある。次の世代への責任もある。世界が今直ちに立ち上がって力を揃えればまだ間に合う。欧州勢が先行し、米国は、州や市民レベルで取り組みが進む。オバマ政権は追いつき追い越す動きを見せるだろう。新興国、途上国も参加する方向に意識が変わり始めた。中国は日本を凌ぐピッチで取り組んでいる。

(1) 国際的な協調を求めて

①洞爺湖サミットが終わって

二〇〇八年七月の北海道洞爺湖サミットでは、福田首相（当時）は問題先送りの調整型ホストにとどまった感が否めない。

「二〇五〇年までに世界の排出量を半減する」という長期目標の具体化は「翌年の国連気候変動枠組み条約の交渉で共有し、採択することを求める」ということで終わった。「ポスト京都」の枠組みは、二〇〇九年一二月の条約締結国会議（ＣＯＰ15）の合意を待つこととなった。中期目標について具体的な数値目標を提示してリードすることができなかったが、「野心的な国別総量目標を実施する」点は同意を見た。

米国政府の態度は相変わらずであった。中国やインドも削減義務を負うべきだと主張し、先進国が率先して削減する、と明記することに反対した。

途上国は、「長期目標は世界の人々の持続可能な発展を保障する中で、公平な負担の分担をすべきである」との考え方に立った。「公平な負担の分担」とは、温暖化を招いた過去責任、ならびに現在責任の七割は先進国が負うべきである、途上国は現在責任の三割と未来責任の七割を負う、とでも考えているのであろうか。中国、インド等は、温暖化をもたらした先進国は、二〇二〇年までに温室効果ガスの二五～四〇％の削減、二〇五〇年には八〇～九五％の削減を実現すべきと要求した。ともかく「持続可能な発展」という文脈に立って、途上国自身も温室効果ガスの削減・適応を目指すとの意向を示したことは意義あることだった。「共通だが差異ある責任」（Common but Differentiated Responsibility）という考え方が定着しつつあり、もはやどの国もこの問題から逃れることはできないことを認識したといえよう。

②新興国の主張

温室効果ガスの排出が増え続ける新興国の中で、代表的な中国とインドの主張ならびに国内における取り組み姿勢について、以下に要約しておきたい。

中国は下記の「三大要素」を原則的に掲げる。

(i)中国は発展途上国に属し、今まさに工業化、現代化の過程にある。また都市と農村の格差は大きく、生活水準は高くないため、現在の目標は経済の発展と生活水準の改善にある。

(ii)中国の人口一人当たりの温室効果ガス排出量は少なく、一人あたりの累積排出量はさらに少ない。

(iii)国際的な分業および製造業の中国への移転が進み、中国は今後ますます温室効果ガス排出増のプレッシャーを受けなければならない。

中国は、現実面では、低炭素社会に向けて国内で五つの戦略を展開しているとみられる。

(i)明確な政府のビジョンと強力な支援政策を展開する。
(ii)グローバルな需要まで視野に入れて低炭素産業を育てる。
(iii)国内消費者に低炭素志向を醸成する。
(iv)低炭素事業展開を妨げる金融障壁を撤廃する。
(v)低炭素企業が利益を確保することを容認する方針をとる。

具体的な数値目標と取り組みの実際については後述するが、これらの国家戦略のもとに日本を凌駕《りょうが》しかねない動きを現実に見せていることを指摘しておきたい。

インドの基本的な主張は、

▼経済発展と貧困撲滅はすべてに優先する。
▼温暖化は危険な問題だが、先進国がもたらしたものであり、先進国には解決する責任がある。
▼温室効果ガスの削減目標設定に際して、エネルギーをすべての国民に供給することが最重要課題のインドが、生活様式を見直すだけで排出量を削減できる先進国と同じテーブルについて論ずることはできない。

▼インドは自然と調和して生きる。

現実に二〇〇八年六月には、首相直属の気候変動問題委員会が「自主行動計画」を発表し、「太陽光発電の拡大、エネルギー効率の改善、持続可能な生息環境の創造、水資源の節約、ヒマラヤ・エコシステムの保全、森林面積四割増しを含むグリーン・インドの創造」等八項目を打ち出した。インドの一人当たりのCO_2排出量は、日本やEUの一〇分の一、米国の二〇分の一であるが、「将来的にも先進国の数値を上回らない」とする。削減量など具体的な数値目標は掲げられていない。

(2) 政治家が明確に方向性を示す

欧米の先進国の取り組みの考察に移ろう。為政者がいかにリーダーシップを発揮して国家戦略を展開しているか、産業界や市民はどのように能動的に行動しているか、直近の事実を拾い上げて考えてみたい。

①欧州(EU、英、独、仏)における為政者のリーダーシップ

• EUは、"20 20 by 2020"と称する明確な指針を打ち出している。温室効果ガス排出量の

表５　各国の中期・長期目標

	2020年		2050年	
	基準年	削減率（%）	基準年	削減率（%）
日本	—	—	現状	60〜80
EU（27）	1990	20（*）	1990	—（**）
英	1990	少なくとも（***）	1990	80
独	1990	40	—	—
仏	1990	20	2000	75
米	1990	0	1990	80
加	2006	20	2006	60〜70
豪	—	—	2000	60

＊　他の先進国が同等の排出削減にコミットし、経済面でより成長した途上国が責任と能力に応じて適切な貢献をする場合には30%

＊＊　2008年12月2日、欧州会議の気候変動臨時委員会は、2020年までに25〜40%、2050年までに80%以上削減を義務付けるよう提議した。総会は２月に開催され、投票が行われる。

＊＊＊　英国政府の諮問機関である気候変動委員会は、2020年の削減率を34%（2013年以降についての国際合意が成立すれば42%）に引き上げるよう08年12月1日に政府に提言した。

出所：「地球温暖化問題に関する懇談会　中期目標検討委員会　資料　08年11月25日」に加筆

二〇％削減（一九九〇年比）と再生可能エネルギー比率の二〇％への引き上げを二〇二〇年までに達成するという計画である。

国際的な協調が得られるならば排出ガス削減は三〇％にレベルアップするという。温暖化を二℃以内に抑えること（産業革命以前対比）、ならびに二〇五〇年までに排出ガスを六〇〜八〇％削減（一九九〇年比）することが視野にある。

表５は、各国とも厳しい目標を掲げて取り組んでいることを示す。

•排出量取引は二期目にはいっているが、二〇〇七年の排出量取引は、前年比八〇％増の約四〇〇億ユーロ（約六・五兆円）となった。二〇〇八年の排出量取引は、世界全体で一〇兆六〇〇〇億円となったが、約八割を欧州が占めた。

さらに、二〇一三年以降の第三期排出量取引を見据えて、排出上限枠の二一％引き下げ（〇五年実績比）、対象業種の拡大（航空輸送・アルミ・石化）、排出量の入札制度の導入などを予定している。

近い将来、ノルウェー、ニュージーランド、米・加の一一州政府などと協調して「国際炭素行動パートナーシップ（ＩＣＡＰ）」による排出量取引市場の共通化を意図している。

- 日本より厳しいCO_2規制――現行比で約二〇％削減――を新車に課す。二〇一二年には新車の六五％の一キロメートル当たりのCO_2排出量を平均一三〇グラム（現在は一五八グラム）とし、二〇一五年にはすべての新車に適用する。二〇二〇年には平均九五グラムに抑える。ちなみに日本の車の平均値は現在一五八グラムであり、二〇一五年には約一三五グラムを達成のこととされている。
- ＥＵ域内を離発着する航空機に二〇一二年からCO_2の排出削減を義務付け、キャップを課することで航空会社側と合意した。欧州路線を運行する日本や米国の航空会社も対象となり、排出枠の購入を迫られる可能性がある。
- ＥＵなみの温暖化対策をとらない域外国からの製品輸入に対しては「炭素関税」を課す、

あるいはそのような製品を輸入するＥＵ企業に温暖化ガス排出権の購入を義務化する、などの方策を二〇一一年を目途に検討する。

●ＥＵは、ポスト京都議定書交渉で主導権をとるための仕掛けを始めた。二〇〇九年一二月の気候変動枠組み条約締結国会議で、以下の新提案の採択を求めたいとする。

・先進国は温暖化ガスを二〇年までに三〇％削減（九〇年比）。

・先進国は排出量に応じた課金制度を創設。途上国の金融支援などに充当。

・ＯＥＣＤ三〇カ国は一三年までに排出量取引市場を創設。一五年までに連結する。二〇年までに中国やインドの参加を求める。

・途上国には二〇年までに温暖化ガスの一五〜三〇％削減の数値目標を求める。

●ＥＵ議会は、ＣＯ$_2$を捕捉し貯蔵するＣＣＳ設備を備えた一二の発電所の建設を援助するための補助金予算を承認した。

●ブラウン首相は、二〇〇八年七月、再生可能エネルギーの比率は現在五％だが二〇二〇年までに一五％まで高める、電力供給の三分の一は再生可能エネルギーで賄う、と宣言した。

●英国政府は、二〇〇八年九月、世界で初めての「気候変動法」を施行した。同法で「独立した諮問機関」と位置づけられた「気候変動委員会」は早速稼働し、温室効果ガス削減目標（二〇五〇年までに九〇年比で六〇％削減）を八〇％に引き上げるよう勧告した。

・ブラウン首相は、二〇〇八年一〇月、「エネルギー・気候変動省（Energy and Climate Change Department）」を設置すると発表した。再生可能エネルギー、省エネ、温暖化防止の統合的施策を展開する。就任したエド・ミリバンド大臣は、次の三つの目標を掲げた。

①持続可能なエネルギーを廉価かつ安定的に確保する。

②低炭素型英国に移行する。

③二〇〇九年のコペンハーゲン会議で気候変動についての国際協定を実現する。

また、二〇五〇年の排出ガス削減目標を八〇％に引き上げる勧告を受け入れ、法的拘束を持たせる、と表明した。

・二〇〇八年一二月、英国の「気候変動委員会」は、二〇二〇年時点での温室効果ガス削減目標を三四％とすること、二〇一三年以降の枠組みが国際的に合意された時点にはそれを四二％に引き上げること、世界初の「炭素予算」を編成すること、などを政府に勧告した。

・フランスは、原子力発電が発電量の八〇％を占めることもあって、京都議定書でも温暖化ガスの削減義務を課されていない。現在五一億ドルを投じて原子力発電所を増設中であるが、サルコジ大統領は、さらなる原発増設や再生可能エネルギーでの発電を進めて、発電部門からの排出ガスのゼロ化を検討している。すべての国家プロジェクトを「気候変動コスト」の観点から検討する、鉄道網を整備拡充する、などの環境政策も発表している。

•ドイツでは、二〇二〇年における原材料資源の利用効率を一九九四年の二倍に高める国家目標「原材料効率・資源保護プロジェクト（MaRess）」を推進している。また、二〇〇九年一月目途に、「再生可能エネルギー熱法」の制定作業を進めている。狙いは、新築建築物のオーナーに再生可能エネルギー（バイオマス、太陽光、ヒートポンプなど）起源の熱利用を一定割合義務付けることにある。

欧州諸国に共通して感じられるのは、第一に政策決定者の意識の根底に地球環境悪化に対する強い危機感があることである。サブプライム問題に端を発した経済危機が発生しても、「温暖化対策は極めて重要であり、放棄できない（ブラウン首相）、金融危機か温暖化対策かという選択の問題ではない（バローゾEU委員長）、金融危機でEUの目標を下げてはならない（サルコジ大統領）」と首脳は語っている。

第二に、次に記す通り、将来を見据えた国としての確固たる政治的意思・戦略が存在する。対応を迫られる課題は放置・先送りせず、迅速・果断に取り組んで自国に優位をもたらそうとする選択がある。

・敢えて厳しい目標を課して「CO_2ショック」状態を打ち出す。

・それにより化石燃料からの脱却と省エネ・技術開発を促進する。

・いち早く筋肉質の低炭素化社会を構築して、環境と経済の両面で米国や日本に対して優位に立つ。

・ロシアや中東からのガス・石油に依存することのないよう、エネルギー面での安全保障を確立する。

②米国における為政者のリーダーシップ

米国で環境問題を心配する人たちは、ブッシュ政権には匙を投げ、後述するように、州レベル、市民レベルで多彩な活動を積極的に展開してきた。

・オバマ大統領は、温暖化対策にきわめて前向きである。二〇五〇年における温室効果ガスの八〇%削減（一九九〇年比）を掲げる。排出量取引の連邦レベルでの導入も予定する。二〇二五年までに電力の二五%を再生可能エネルギーで賄う。クリーン・エネルギー開発に一〇年間に一五兆円を投じ、五〇〇万人の雇用を創造する。就任早々、自動車の燃費規制を日本や欧州なみに厳しくする大統領令に署名した。根底にあるのは、環境悪化の阻止、経済不況からの脱却、エネルギー安全保障の三つの問題を同時に解決しよう、そしてアメリカにもう一度パワーを取り戻そう、という国家戦略である。バイデン新副大統領は、かつて京都議定書への復帰を提案したことのある人だ。

オバマ新大統領と気脈を通じるアル・ゴア元副大統領は、二〇〇八年一一月、"Repower America"と称するプロジェクトを提唱した。一〇年間に電力の一〇〇％を再生可能エネルギーで発電しようという野心的な考えである。

- 州レベルでは温室効果ガスの大幅な削減に動いている。カリフォルニア州は二〇二〇年までに三〇％削減する計画を発表。二〇五〇年には八〇％削減（九〇年比）を目標にする。二〇二〇年目途にエネルギー需要の三分の一を再生可能エネルギーで賄う。テキサス州は、カリフォルニアを凌ぐ風力発電の州を目指す。電力の半分を風力発電で、と計画し、これを受けてオイルマンであり投資家のピケンズ氏は世界最大の風力発電所（四〇〇〇キロワット）建設をもくろんでいる。
- 北東部の一〇の州が組織する「温室効果ガス削減北東地域イニシャチブ」が二〇〇八年九月末に正式にスタートした。二二三の発電所を対象として、CO_2を削減するための排出権のキャップ＆トレードの協定である。各州は電力会社に排出制限を課し、アローワンスを公開市場のオークションで捌く。九月末の初めての取引ではCO_2トン当たり三・〇七ドルの値がついた。収益は各州の温暖化対策に使われる。二〇一八年には二〇〇九年比一〇%減を目指す。

•米国西部の七つの州とカナダの四つの州が「西部気候イニシャチブ」を組織した。二〇一二年に発効する原案によれば、年々削減を厳しくするマーケットベースの強制的なキャップ&トレード・プログラムを設ける。二〇一二年に電力と製造業を対象とし、二〇一五年に運輸、商業、住宅も対象にする。二〇二〇年までに温室効果ガスの排出を二〇〇五年比一五%減らすことを目標にする。

•カリフォルニア州では、CO_2の三分の一を自動車が排出する。郊外に住宅を求めるスプロール現象がそれを加速させている。そこでスプロール現象を阻止し通勤距離の短縮（職住近接）と公共交通機関の利用を勧める米国で初めての法律を制定した。二〇二〇年と二〇三五年の到達目標とインセンティブを州当局が定める。

•米国市長会の九〇二人の市長が、二〇〇八年一一月二一日、「米国市長会　気候保全協定」に署名した。CO_2を二〇一二年までに七%（一九九〇年対比）削減し、京都議定書を各都市レベルで達成するとともに連邦議会に規制強化を働きかける。

•米国陸軍は、二〇〇八年秋に初めて「サステナビリティ（持続可能性）・レポート」を発刊した。民間企業にならってＧＲＩ（グローバル・レポーティング・イニシャティブ）が規定する報告要領を採用し、二〇〇四年から二〇〇七年に至るミッションの遂行、環境や地域社会への取組みを六〇頁にわたって評価・開示している。二〇〇七年度には一五億ドルを環境対策に投じたという。

環境保全の意識が軍隊にも浸透していること、ステークホルダーあっての軍隊であると意識して透明性と説明責任を果たそうとしていることなどは興味深い。

③中国における為政者のリーダーシップ

- 中国とインドが環境悪化対策に動き出していることについては前述した。ここでは中国の具体的な動向を見てみよう。

二〇〇七年六月に、中国政府は「気候変動国家計画」を制定し、経済構造の調整、エネルギーの効率化（エネルギーのＧＤＰ単位あたり二〇％改善）、再生可能エネルギーの発展（二〇一〇年までに一〇％）、森林の拡大、温室効果ガスの削減などに取り組むことを明らかにした。

以下の叙述は、主としてＮＧＯ、クライメート・グループの報告書に拠る。

低炭素電力

◆電力源の再生可能エネルギー比率を二〇三〇年までに一五％（二〇〇六年は八％）に拡大。

◆太陽光発電システムの生産量は二〇〇七年度において世界第二位。二〇二〇年までに一・八ギガワットに高める。

◆風力発電量は現在世界第五位だが、二〇〇七年には米国、スペインに次いで三四五万キロワット増。二〇二〇年には三〇ギガワットにする。

◆水力発電能力は現在世界最大だが、二〇二〇年までに三〇〇ギガワットに倍増する。

◆石炭火力発電所は、非効率なものを閉鎖する。二〇〇五年以降の新規発電所はクリーンな発電技術を標準装備し、熱交換比率を三〇％以上改善。

省エネ

◆ＧＤＰ当たりのエネルギー消費量を、二〇〇六年から二〇一〇年にかけて二〇％削減。

◆エネルギー多消費型企業一〇〇〇社（総エネルギー消費量は産業界の四七％、国全体の三七％を占める）に対し、二〇一〇年目途に石炭換算一億トンに相当する製品のエネルギー効率改善と業務の省エネ化を義務付け。

◆太陽熱温水器の設備容量は、二〇〇六年において世界の六〇％を占める。年間二〇％の成長を見込む。

輸送の低炭素化

◆乗用車燃費基準は、米国やオーストラリアより厳しく、一五・六キロメートル／リットルに設定する。

◆バイオ燃料（エタノール）生産量は、二〇〇五年において世界第三位。二〇一〇年までに六〇〇万トン、二〇二〇年までに一二〇〇万トンとする。

（3）産業界や市民社会の緊張感に満ちた取り組み

これまでは海外における為政者のリーダーシップや行政府の取り組みを見てきた。ここからは民間の取り組みを概観する。あらためて緊張感にあふれた海外の動きを感じ取ってくだされば幸甚である。

①産業界の前向きな取り組み

一般論として、企業が地球環境悪化の防止に積極的に取り組むことにはどんなメリットがあるだろうか。

◆低炭素社会に向けてのビジネス・チャンスを生かす。時代の要請に応えて新しい価値（製品・サービス）を提供すればステークホルダーの支持を得て企業価値が高まる。

◆地球規模の人類の戦いに参加することによって社員のモラルは上がる。

◆異常天候（渇水、豪雨、熱波、風害など）に襲われた時の会社資産の損壊や操業低下、あるいは従業員の健康被害を最小限に止めることができる。
◆排出ガスを抑制するための規制や税制の強化を察知して対応できる。
◆グリーン購買やカーボン・フットプリント（後述）など、製品がそのライフサイクルにおいて排出するCO_2量の「見える化」（可視化）を進める動きに前向きに対応し、顧客の支持を得る。
◆温暖化対策に積極的な企業として社会的に高い評価を得る。それにより、顧客が製品を購入してくれる。優秀な人材が集まる。地域社会の支持を得る。銀行や投資家の投融資を得る。
◆訴訟リスクを回避できる。不作為によって損害を招いたとして株主や地域社会などから提訴を受ける可能性が薄らぐ。

以下に登場する企業（群）は、地球環境悪化を阻止したいという大義がもちろんあるが、個々の企業の経営戦略からの配慮もあると思われる。温暖化は経営上の明らかなリスクであるから早期に明確に把握して事業継続上の対応策を展開したい、そのためには規制の方向性と枠組みをはっきりしてほしい、もちろん我が社は新たな規制に対応できるし、ビジネス・チャンスに飛躍できる自信がある、この際、怠惰な企業は脱落してもらおう、などの思惑があると思われる。環境対策に投資せずコストを下げている企業をのさばらすと競争上不利になる、という防衛的な意味合いもあるであろう。だからこそ前向きの企業や経営者団体が能動的に法規制の早期策定を働きかけていると推察される。

- 産業界・環境NGO・政府機関・地方自治体などが参集して温室効果ガス削減を目的とする世界初の国際環境NGO、「クライメート・グループ（The Climate Group）」を二〇〇四年に設立。本部は英国、支部は中国、米国、オーストラリア。欧米の大企業やトニー・ブレア元首相の事務所などが加わる。G8洞爺湖サミットに向けて、意見書を提出し、「対策の先送りは危険で、費用もかさむ」と警告した。二〇〇八年一二月には金融機関向けの、「気候原則：金融セクターのためのフレームワーク」を発表して順守を呼びかけている。
- 世界の有力企業四六社が「気候変動闘争（3C：Climate Change Combat）」を組織している。G8プラス五カ国（中国、インド、ブラジル等）あてに、即刻協調して気候変動対策を打ち出すよう要望し、温室効果ガスのグローバルな取引市場創設、エネルギーや投入資源の効率化に協働することなどを提唱している。日立が参加。
- 米国の有力企業二七社と環境NGO六団体が組織する「米国気候行動パートナーシップ

（USCAP）」は、市場主義型の気候保護アプローチを策定するための原則を提唱する。提言を連邦政府や議会に送り、温室効果ガスの削減を義務化する早期立法を促している。

・ソニーなど世界の大企業一二社が「東京宣言」を二〇〇八年二月に発表した。二〇五〇年までに温暖化ガスの半減、気温上昇の二℃以内への抑制などを訴えている。

・英国のエドワード皇太子が中心の経営者の集まり「温暖化問題を考える企業リーダーグループ」は、ブラウン首相と議会の指導者に対し、地球温暖化防止の枠組みを明確にし、エネルギー効率の改善・低炭素技術の開発・排出権市場等に至急動くべきだ、との要望書を送った。

・英国産業同盟は日本経団連に相当する組織だが、「今後二、三年が正念場。排出量削減目標達成には強い切迫感が必要だ。我々は政府目標を達成するためよりグリーンな製品・サービスの提供と研究開発投資を行う。排出量取引制度を支持する。ビジネス・チャンスである。政策面の支援も望ましい」との提言を発表している。

・欧州風力エネルギー協会によれば、欧州における沖合の風力発電設備の八〇％はデンマークと英国が占め、二〇〇八年末には合計一ギガワットとなる。二〇二〇年までには五〇ギガワットに達するという。

英国は、政府の洋上風力導入促進策もあって、二〇〇八年末にはデンマークを抜いて世界最大の洋上風力発電大国になると思われる。四〇万キロワットが稼働中、四〇万キロワットが建設中であり、二〇二〇年には三〇〇万キロワットを超える見込みである。

・カリフォルニア州は、電力会社に、二〇一〇年までに電力供給の二〇％を再生可能エネルギーで賄うよう求めているが、この要請に応えて二社が世界最大級の巨大な太陽光発電所（計八〇〇メガワット）を建設し、電力を電力会社に販売する計画を進めている。

・ニュージャージー州では、洋上で三四六メガワットの風力発電を行う計画が州の承認を得た。二〇二〇年までに州のエネルギーの二〇％は再生可能エネルギーで賄うという州の方針にマッチするので、州政府から一九〇〇万ドルまでの融資を受けられる。デラウエア州やロードアイランドでは洋上風力発電事業が先行している。

・米国では、投資家も積極的に行動している。二〇〇八年の株主総会に向けて機関投資家と環境ＮＰＯが連携し、温室効果ガス排出削減の戦略開示を会社側に求める株主提案を五七件提出した。前年の倍以上の数である。半数は会社側が対応したため取り下げたが、投票にかけられた二四件は平均二三％の株主が支持した。二年前は一七％であった。可決されなくても会社にとっては圧力となっている。

・米国では、二〇〇七年九月以来繰り返して、機関投資家やＮＧＯなど二〇団体が連名で証券取引委員会（ＳＥＣ）に要望書を提出し、公開企業が気候変動に関するリスクとビジネス・チャンスを全面開示するようガイドラインを策定してほしい、それらは重要な投資情報であり、開示されるべきである、と求めている。

●ユニレーバ、P&G、ネスレなどは、「サプライチェーン・リーダーシップ・コラボレーション」を組織。サプライチェーンにCO_2排出量測定と削減を要請している。

以上の通り、海外では企業、機関投資家、NGOが危機感を持って、連携して環境対策促進に向けて行動していることが特徴的である。

個々の企業もビジネス・モデルや企業行動を変革している。GEは、「世界が直面している深刻な環境問題を解決するために独自のアプローチで取り組みます」と述べて「エコマジネーション」キャンペーンを打ち出し、経営的に成功を収めているのは著名な例である。ウォルマートも、二〇〇七年二月の「サステナビリティ360」宣言以来、環境への配慮を強化した商品・サービス、梱包、配送作戦を強化している。

日本では、リコーが環境経営の名のもとに二〇五〇年に環境負荷（総量）を八分の一に抑えると発表したのは二〇〇六年のことであった。この「二〇五〇年・排出ガス総量削減」の流れが、INAXの「環境宣言」（二〇五〇年に八〇%削減）やエプソンの「環境ビジョン2050」（二〇五〇年に九〇%削減）などに引き継がれるようになった。

環境経営によって新しいビジネス・モデルが開発され、低炭素社会にふさわしい価値の製品・サービスが提供されることに期待したい。

②金融機関は持ち前の金融機能を活用

海外の金融機関・機関投資家らが先導して、地球環境の悪化防止に取り組もうとしている。かつて金融機関は、大量生産・大量消費・大量廃棄型産業への投融資に積極的であり、温暖化への「加害者」の立場であったが、いまや環境保全の社会的責任を認識した行動を標榜するようになった。

その動きは、幾つかの投融資原則を自主的に策定して運用するようになったことに表れている。

▼**イクエータ原則**：二〇〇三年にプロジェクト・ファイナンスの分野で主要金融機関が自主的に採択したルール。金融機関が地域の環境や社会に与える影響を自主的なガイドラインに基づいて審査する。国際的なプロジェクト・ファイナンスの八五％をカバーするまでになった。

▼**バーゼルⅡ規制**：国際決済銀行では、不動産担保の環境リスク（土壌汚染やアスベストなど）を融資時に信用リスクとして配慮するよう要請している。

▼**カーボン・ディスクロージャー・プロジェクト（CDP）**：資産総額五七兆ドルを有する三八五社の機関投資家たちが、世界の大企業が気候変動と温室効果ガスの排出に関してどんなリスクとビジネス・チャンスを有するか企業ごとにアンケート調査し、回答を開示する。八年目を迎える二〇〇八年の調査対象企業は三〇〇〇社を超えた。

▼**責任投資原則（PRI）**：国連の提唱により二〇〇六年に発足。世界の三八一の年金基金・金融機関（資産残高一四〇〇兆円）が、株式投資の対象企業にESG（環境・社会・ガバナンス）の開示を求めて、ESGによる投資分析・意思決定を行う。いまやESGは企業評価の普遍的な基準として用いられるようになった。

▼**炭素原則**：米国のシティ、チェース、モーガン・スタンレーが、電力会社や環境NGOとも合議した結果を踏まえて制定した。電力企業向けの投融資は、エネルギー効率、再生可能エネルギー、低炭素技術などに配慮する半面、石炭火力プロジェクトは炭素リスクありとして厳しい対応をとることを明らかにした。

③大学もグリーン化を急ぐ

米国の大学の学長らは、「学長気候コミットメント（Presidents Climate Commitment）」を二〇〇七年に組織した。四〇〇を超える学長が参加し、各大学はできるだけ早くカーボン・ニュートラルを達成することを約束している。例えば、コーネル大学はまず二〇一〇年までにCO_2排出量を七％削減し、二〇五〇年にはカーボン・ニュートラルを達成する。

米国のNPOは、米国とカナダの三〇〇の大学を取り上げて、大学の持続可能性の取り組みを評価し発表している。授業における取り組みは対象から外すものの、建物のグリーン化、通勤通学のグリーン化、その他四項目で評価する。二〇〇八年の場合、コロンビア、ハーバード、コロラド大学などをトップクラスに選び、ジョージ・ワシントン大学は評価基準六つのうち四つで改善を見せた、と発表するなど、各大学に刺激と競争心を与えている。

これらの影響もあろうか、大学は環境を救うために、またガソリン代を節約するために、かつ健康を鍛えるために、学生に車離れを促し、バイクやウォーキングを奨励するようになった。その波は急速に各大学に波及しつつある。リポン大学（ウイスコンシン州）では、車で大学に来ないと約束した学生にマウンテン・バイクとヘルメットと鍵を無償で提供している。費用は寄付金を充当する。三〇〇人の新入生のうち、六割が応じた。オーバーン大学（アラバマ州）では、バイクをメインテナンスする店が構内に開設され、バイクをシェア（共同利用）するプログラムがスタートした。学生・教職員のバイク利用率は一二％になった。いずれも二〇〇八年秋の新学期を迎えて実施に移された例である。アーカンサス大学では、飲用水のペットボトルをキャンパスから追放するキャンペーンを始めた。

④ＮＧＯが能動的な活動

草の根のＮＰＯの温暖化防止の意識は高く、行動力は強い。企業や機関投資家との協働は前述したが、ＮＰＯの積極的かつ効果的な活動の最近事例を示す。いずれも米国である。

米国ウィスコンシン州の二つの環境ＮＰＯは、電力会社（三社）による石炭火力発電の更新・能力増強に対して反対運動を起こし、提訴した。二〇〇八年八月、両者は和解した。ＮＰＯ側は、次の代価を電力側から獲得した。

◆ミシガン湖の水質保全プロジェクトに二五年間にわたり合計一億ドルを提供する。
◆二〇一二年末までに石炭火力二基（一一六メガワット）を追加廃棄する。
◆温室効果ガス排出に関する情報を毎年開示する。
◆州の「再生可能エネルギー基準（二〇一三年までに一〇%、二〇二五年までに二五%）」の立法化を支持する。
◆知事局環境タスクフォースの最終報告書に盛られたプロジェクトを実行するため五〇〇万ドルを投資する。
◆バイオマス（非食糧）燃料に依存する五〇メガワット火力の建設許可を申請する。
◆二〇一五年頭までに一五メガワットの太陽光発電を建設ないし取得する許可を申請する。

カーボン・ディスクロージャー・プロジェクト（ＣＤＰ、四八頁参照）が活動を拡大している。国際環境自治体協議会（ＩＣＬＥＩ）の協力を得て、米国の三〇都市（ニューヨーク、ラスベガスほか）が温室効果ガス排出量や関連データを開示するプロジェクトに着手した。各都市の廃棄物輸送、消防・警察・緊急サービス、市庁舎などの公的建物等々に関する排出データを公開する。都市データの計測・開示を進めて各都市に刺激を与え、優れた都市には投資が増加する循環を誘導する。

ＮＰＯがランキング付けを行ってハッパをかける例は多い。あるＮＰＯは、全米各州政府のエネルギー効率化政策・実施状況を広範な項目で調査、発表して州政府に刺激を与えている。二〇〇八年は、カリフォルニア州を一位に選出した。

別のＮＰＯが、五〇の都市を、大気・水の品質、都市交通、廃棄物管理、水供給、自然災害リスクなど一六の基準で評価し、総合的な順位や最も改善が進んだ都市などのランキングを発表している。二〇〇八年は、ポートランド、サンフランシスコ、シアトルが上位にランクされ、メサ市（アリゾナ州）が最下位と発表された。

⑤自国の安全保障への影響を論議

気候変動が自国の安全保障・外交政策に深刻な影響を及ぼす、どう対応すべきか、という研究が欧米の政府機関やシンクタンクで進められている。項目としては、エネルギー・希少金属・水・食料等の獲得競争、環境難民の発生と受け入れ、北極の海氷融解がもたらす経済的問題と安全保障、海水面の上昇、土地所有をめぐる民族間の衝突、疾病の増加等々である。

- ＥＵは、二〇〇八年三月、対外政策担当スタッフによる報告書をＥＵサミットで検討した。
- 北大西洋条約機構（ＮＡＴＯ）は、二〇〇八年七月、温暖化は平和と安全を脅かす脅威との認識に立って、安全保障の見地から問題点の調査・分析を始めた。
- 米国では、二〇〇七年一一月、有力シンクタンク（ＣＳＩＳとＣＮＡＳ）が「グローバルな気候変動が示唆する外交政策と国家安全保障」と題する研究報告を発表した。
- 米国のＣＩＡに属する国家情報会議（ＮＩＣ）は、二〇〇八年六月、海水面の上昇、水資源の不足、気温変化と適応不足による脆弱性に着目した分析を行い、問題が発生しやすい国を指摘した。
- サウジアラビアや中国、韓国は、自国への食糧供給基地とするため、外国に広大な農地を確保する動きを見せ始めた。これらの一連の動きに対しては、国連高官が「新植民地主義」という批判を投げかけて牽制している。

・北極圏の氷が融解するにつれて米国、ロシア、カナダなど周辺国の石油・ガスの探索レースが始まった。米国地質調査所の二〇〇八年七月の発表によれば、北極の大陸棚の下に巨大な「未確認だが技術的に採掘しうる量」の資源——九〇〇億バレルの原油と一六七〇兆立方フィートの天然ガス——が埋蔵されている。
米国では、ロシアが既に一四隻の大型砕氷船を有していることを指摘し、国防省は大型砕氷船の増強を急ぐべしとの議論が起こっている。

5　さあ立て、急げ、日本！

ここまで海外の最新の対応ぶりをピックアップして概観してきた。次章で具体的に日本の問題を考察するに先立って、日本の環境への取り組みは外国からどう評価されているか、見ておこう。また最後に、地球環境への取り組みに関して、究極的には我々一人ひとりに市民としての社会的責任があることを付言させていただきたいと考える。

(1) 海外勢は期待しているのだが

日本の環境対応に関する最近の幾つかの調査結果を見てみよう。

●「温暖化対策ランキング」：日本は六二位、先進国では最下位

世界銀行が二〇〇七年一〇月に七〇カ国の温暖化対策の進展状況を発表した。化石燃料の燃焼によるCO^{2}排出量は、二〇〇四年において、米、中、露に次ぐ四番目の多さであった。温室効果ガス排出量の中で化石燃料からの排出量が占める割合は、二〇〇〇年において、七〇カ国のうちで最も多かった（八九・一％。次が米国の八七・五％）。

●「環境パフォーマンス・世界ランキング」：日本は二一位、G8では五位

イェール大学とコロンビア大学が共同で行い、二〇〇八年一月に発表。日本の生物多様性（保全）、炭素排出（産業界、特に発電所の取り組み姿勢）が低く評価されている。

●「G8諸国の温暖化対応ランキング」：日本は五位、英国が一位

世界自然保護基金（WWF）と独の保険会社アリアンツが二〇〇八年七月に発表。「日本は、グローバルな気温上昇を二℃以下に抑えるために適切な貢献をしているとはとても言い難い。排出量の総量が増加している。強制的な排出削減スキームが存在しない。政策が欠如している」との評価である。日本より下位は、ロシア、カナダ、米国。

・「グリーンデックス」：日本の消費者の環境意識・行動は一四カ国中一一位

米国のナショナル・ジオグラフィック協会と調査機関が、世界一四カ国の消費者それぞれ一〇〇〇人（合計一万四〇〇〇人）の日常の環境意識ならびに環境と調和した持続可能な消費行動を調査した。二〇〇八年五月に発表。大きい家に住んで冷暖房を効かせ、複数台の自家用車を保有し、一人で乗る機会が多いアメリカの消費者が最低点。似たような生活をする日本の評価は低い。

・気候変動対応のグローバルな銀行ランキング：邦銀は中位以下

米国の環境保護グループのセレス（CERES）が世界の四〇の大銀行を取り上げ、気候変動に関する取締役会のかかわり方、トップのリーダーシップ、情報開示、温室効果ガス管理、戦略的な展開などを調査した。HSBC、ABN AMROなどが高い評価を受けたが、三菱UFJフィナンシャルグループが二二位、住友三井は二四位、みずほフィナンシャルグループは三〇位と中位以下にとどまった。二〇〇八年一月発表。

・「日本は失望させる国」 Economist誌（二〇〇八・二・二五）

二〇〇七年一二月のバリ会議で、世界の環境NGOから、日本政府は環境対応に熱意と貢献が希薄だとして、「化石賞」を贈られた、と同誌は冷めた目で論評した。

二〇〇八年一一月一二日、環境省は、二〇〇七年度の国内温暖化ガス排出量は前年度比二・三％の増加となった、と発表した。京都議定書の基準年（一九九〇年度）の水準を八・七％もオーバーする数字である。その日のうちにロイターやAFPがこのニュースを打電したので、「日本のCO_2排出量は過去最高」などの見出しが海外で踊る結果となった。日本に対する国際的な期待は、日本が約束した一九九〇年比六％削減、という京都議定書の目標達成にある。このままでは、日本は、やはり「失望させる国」であり続けることになってしまう。

これらの調査の思想、方法論を吟味することが必要だが、思い当たる節があることも事実である。日本の奮起を期待している、と理解したい。

(2) 一人ひとりに「市民としての社会的責任」

最後に、もう一つのCSR（Citizen's Social Responsibility）について考えてみたい。「市民」の概念は、長い歴史と多義的な意味合いを持つので、本来ならばきちんと吟味を行うべきだが、ここでは端的に「公共空間の形成に自律的・自発的に参加する人々」（『広辞苑』）と捉えておく。坂本義和教授は、「人間の尊厳と平等な権利を認め合った人間関係や社会を創り支えるという行動をしている市民を指しており、そうした規範意識を持って実在している人々が市民なのである」と規定する。キーとなる考え方は、①規範意識を持って、②公共空間の形成に、③不断に主体的に参画していくことである。

我々が住む社会は、我々一人ひとりに社会の構成員の市民としてどう生きるべきか日々問いかけている。より良い社会を創り支えるという規範意識を基盤として、共通の公共的な問題解決に主体的にかかわっていく生きざまが求められているし、我々にはそれに応える社会的責任がある。

具体的に考えてみよう。「気候変動は、道徳的、倫理的、精神的な問題」であるとアル・ゴアは述べる。気候変動に対して自分自身はどう考え、どう対応するのか。日々の生活で温暖化防止に何ができるか考えて、主体的にできることからやっていくのが市民としての社会的責任であろう。

企業の従業員としても健全な市民感覚に立った判断が望まれる。企業を構成するのは我々一人ひとりだから、企業内で一人の人間（市民）としてどう考え、どう対応するのかを自律的・自発的に考えないわけにはいかない。企業が環境保全をリードするのか追随するのか、足を引っ張るのか支えるのか。企業を構成し、経営にかかわる従業員一人ひとりが規範意識と市民感覚を働かせる。そういう社員が構成する企業は、世間の常識が働いて「我が社の非常識」は姿を潜める。透徹した市民感覚を持った社員が多ければ多いほど、時代の変化を見通し、積極的に新しい時代の構築に向けて会社が動いていく。会社が社会に新しい価値を提供して貢献する。

より良い環境と社会を孫子の世代に残すために、各自が一人ひとり「市民としての社会的責任」（志・主張・行動・説明責任）を認識し、実践に結び付けることが望まれる。そうすることによって地球環境と人類社会は破滅から救われる。

究極的には一人ひとりが社会的責任を果たす。そういう一人ひとりの取り組みが集積されて社会を変えていく。

（菱山　隆二）

第2章

地球環境保全についての我が国としての問題

——その対応

1　地球環境保全には改革的対応が必要である

——温暖化を含む地球環境保全の問題が国全体として正しく理解され適切に対応されているか？

日本にとって現実の対応は遅れていて、国際公約——京都議定書——の履行は難しい

（1）温暖化を含む地球環境保全の問題

化石燃料の使用により二酸化炭酸（ＣＯ２）を大量に排出、ＣＯ２は太陽光線の中にある赤外線を吸収するのでそれが地表をおおい、地球の温暖化の原因となっている。地球温暖化がこのまま進行すれば、それは海面の上昇をまねき、臨海に位置する都市では大きな被害が予想される。例えば水面が一メートル上昇すると、東京二三区のうち六区が水面下に沈み、バングラデシュでは国全体が被害を受ける。

このような温暖化の危機に対して、二〇〇七年六月に行われたＧ８において二〇五〇年までにＣＯ２の排出量を五〇％削減させる案が議長声明に盛り込まれた。

さて、わが国では、マスメディアも行政も地球環境保全（最も広義）については、その時々、扱う題材により時に温暖化の危機、時に資源の枯渇、時に廃棄物処理、すなわち下記

のような問題の切り口として焦点を合わせつつ言及する。そして現在の時点ではａ温暖化の問題が最重点的に扱われているが、これらの問題はその度合いに差はあれ、いずれも相関連しており、特に下記ａ、ｂ、ｃの問題は、地球レベルの環境保全の問題として相互の関連とそのフロー（因果関係も含め）をハッキリとさせ、国としての、また国民的な広がりでの正しい理解がなされなければならない。例えば、国としてはマイカーの代りに電車・バスを使えば省エネに、そしてCO_2削減になるとの正しい判断、そしてまた国民としては紙・プラスチック等廃棄物のリサイクルによりその製品作りのための原材料の使用減につながることの理解が行われる必要がある。

それらの問題を明示して見ると、地球環境保全の問題は次のように分けられる。

ａ　地球温暖化の問題
ｂ　省エネ・省資源の問題
ｃ　ごみの減量化、リサイクル（三Ｒ）の問題
ｄ　公害のない安全な生活環境の問題
ｅ　豊かな自然環境の保全

この中で最も現代的な問題はａ、ｂ、ｃであり、中でも現在はａ地球温暖化の問題が最重要視されている。――ａ地球温暖化とｂ省エネ・省資源の問題は直接的にも極めて

共通な要素があり、例えば省エネが進めば温暖化に有利に働く要因となるので（推定八〇～九〇％が関連している）、ここでは省エネと温暖化対応を並列して合わせて述べることにする。そしてｃごみの減量化はその分別と合わせてRecycle（再生）、Reuse（再使用）、Reduce（排出抑制）のコンセプトで扱われるが、これもまた重要な地球環境保全の問題である。なお、地球環境保全について述べる時、これらの中の一つだけが取り上げられることが多いが、それでは不十分で、ａ、ｂ、ｃ（およびｄ、ｅ）の全体の関連の中で考えなければならない。

ｄは、戦後では一九五六年の水俣病に始まる古くからの健康被害、公害の問題（我が国では対応が既に相当進んでいる）、ｅは元来自然との共生、アメニティーの問題であり、これらは自治体では重要視されている。現実に多くの自治体においてｅの自然環境――森林、土、水――街づくりが、環境問題の活動の中心になっており、温暖化、省資源以上の重要な位置付けになっている。なお、その中の森林作りは　ａ温暖化に対する対応の要素も十分にあると言える。

(2) 数字が示す日本のCO_2排出削減の遅れ

京都議定書では〇八―一二年度のCO_2排出量を日本として九〇年度比六％削減が決定

されているが（ＥＵは八％減、米国は七％減）、それらに対する我が国としての政策、対策は全く実効性のない見かけ倒しのものであり、その実現が危ぶまれている現状である。政府の京都議定書目標対応の目論見は、森林整備により三・九％減、途上国の省エネ支援により一・六％減、純粋削減〇・五％減（合計六％減）であり、本来のCO_2発生の削減には程遠い。かつ現在（〇七年）の実績は八・七％増で、差引き一四・七％の未達であり、達成は危機的状況である。さらに過日の新潟中越沖地震による原子力発電の運転停止（一年を超える予想）は、それだけでCO_2の排出量の二％増加と算定されているが、我が国の温暖化対策が相当程度原子力発電頼みになっていることはこのような大きな課題を提起している。現在の国のプランは前記のように森林整備と技術支援によるＣＤＭ依存型である。森林整備には発生したCO_2を吸収する効果はあるが、自国での発生を抑える真の削減をほとんどしないままで良いのかの疑問がある。

我が国の二〇〇六年のCO_2排出の部門別内訳は表2—1の通りである。

CO_2の実排出量は最終需要部門で決まるのでその数値（右）が大切であるが、直接部門（エネルギー転換、産業）は発生ベースであり、かつ最終計算値への影響でまた大切である。

表 2-1　2006 年度の CO_2 排出部門別内訳

	各部門の直接の排出量	最終需要各部門の排出量（消費・使用での配分）
エネルギー転換部門（発電所等）	30%	6%
産業部門（工場等）	31	36
運輸部門（自動車等）	19	20
業務、その他部門（オフィスビル等）	8	18
家庭部門	5	13
工業プロセス	4	4
廃棄物	3	3
合計	127400 万トン 100%	121400 万トン 100%

（出典：環・循白書平成 20 年）

表 2-2　我が国の CO_2 排出量の推移
2006 年度排出量の伸び率 -1990 年度比（基準年度）

産業	482 百万トン	460 百万トン	4.6%減
運輸	217	254	16.7%増
業務その他	164	229	39.5%増
家庭	127	166	30.0%増
エネルギー転換	67.9	77.3	13.9%増
非エネルギー CO^2	85.1	87.7	3.1%増
年度合計	1143	1274	11.4%増

なおメタン、一酸化二窒素を含む GHG-2006 年 1340 百万トン
（出典：環・循白書平成 20 年）

我が国のＣＯ$_2$排出量の推移は表２―２の通りである。産業分野で若干の改善（それでも京都議定書六％減には不十分）を見た以外は、他のあらゆる分野で大幅な増加・悪化である。

（３）政府、企業、国民のトライアングルでの国をあげての総力対応

冒頭で述べたように、京都議定書のＣＯ$_2$削減の日本の目標数値六％減はとうてい達成できそうになく、環境省発表（〇八年一一月）でも、〇七年度のＣＯ$_2$換算の排出量は原発運転停止に伴う火力発電の増加が一因で、基準年度を依然として八・七％上回っているので改善の兆しが見えたとはとうてい言えない。直近の話題としての温室ガス排出量取引の国際市場は既に広がっており、〇七年一〇月にはＥＵと米加一一州が国際炭素行動パートナーシップ（ＩＣＡＰ）がキャップ＆トレード方式と称した取引の枠組で合意されている。そして、米国でのオバマ政権による導入見通しから日本も導入すべしとの声が経済界、政界の中にも広がっている。またＣＤＭ（Clean Development Mechanism）についてはその要素に温暖化防止の事業があり、かつ国連認定の仕組みによるもので、当然前向きに対応すべきであり、それも含めてＣＯ$_2$削減の前向きの対応をすることが望まれる。

また、最新の排出権取引の情報では、〇八年秋に試行的に実施、一三年以降の導入検討を政府方針とした。

Column

排出権取引の日本版が試行的にスタートした。これはEU、米国の一部の州で始まっているC&T（キャップ・アンド・トレード）を模したものである。

排出枠の設定、取引への参加のいずれについても、二〇〇五年に始まったEUではそれぞれについて各国政府が決定、そしてエネルギーの一定の規模以上の事業所に参加義務付けされている。一方日本版は枠を自由に設定、そして参加は任意であり、したがって日本では参加の有無についても、また活用いかんについても融通性がある。日本版では売却のために排出枠を低めに設定することもできるのでCO_2削減につながるかどうか。二〇〇八年一〇月に試行のための募集を開始、二〇〇九年末に〇八年度の排出量報告期限とする日程で開始。参考までに算定基準価格は二五四〇円／トン、基準年（一九九〇年）を超えているCO_2排出量は現在八・七％で（義務量は六％減）、仮に未達部分（一四・七％）を排出権で賄うとすれば、二〇〇八年一月のロンドン市場価格三七〇〇円／トンで（価格は大きく変動しているが）、一二億六一〇〇万トン×

〇・一四七×三七〇〇円＝六八五九億円／年に見合う膨大な価額が企業また政府（国民の血税）から毎年流出することになるのである。
この市場機能を通じてのCO_2削減システムでは、不況下では目標達成が極めて容易となり、売却が増える、また購入のほうが割安と考える企業はCO_2排出削減の努力を全くせずに利益をあげることに努め排出権を購入する、などの矛盾も内包しているが、世界市場では既に多額の取引が始まっている。皆さんが企業家であれば、どのようになされるだろうか？

そして現状は省エネを促しCO_2発生に通じる消費を抑える政府による効果ある政策を欠き、また企業の省エネ対策も自社指向に留まる範囲であり、そして国民も行動に結び付く認識になっていない。例えば国民の行動の事例として、言葉としての理解はしていても、当人としてはエアコンを省エネ温度に抑えない、また市内での食材の買物のために自転車を使わないで不必要にもマイカーを使うなどに見られる。すなわち、基本的に資源・エネルギーの大量消費、大量廃棄と袂を別ち、新たにＥＣＯ指向型の生活文化の方向に向かって政府・産業・消費者の全てのセクターが認識を改め、そして国全体が健全な生活文化に移行して浪費の削減を行う、企業もそれに合わせた技術対応・生産を行う、そして政治・行政がその方向性を促すこと以外に、本当の意味での温暖化対策はないのである。すなわち、行政、企業、消費者のトライアングル・コラボレーションが必要なのである。

〇八年七月七〜一〇日に洞爺湖で行われたＧ８サミットでは長期目標（五〇年にCO_2を半減）を含むビジョンを全ての国に求めることでアメリカを入れて合意、そして新興主要排出国（ＭＥＭ）からは先進国が中期（二〇〜三〇年）を目標設定の上削減の実績を先にあげるべきことが強く求められた。この長期ビジョンにそってさらに〇九年イタリーで、そしてまた今後国連で検討・深耕することが確認され、温暖化対応、地球環境保全の問題は一層重要性を増している。

Column

〇八年九月一五日のリーマン・ブラザーズの倒産をきっかけとして金融危機はさらに深刻化し、今や世界の実体経済も未曾有の大暴風雨に見舞われている。ヴァーチャル取引（信用取引の増大）により拡大してきた世界経済は、ちょうど風船が破裂したかのように縮小し、成長著しいＢＲＩＣｓ諸国すら不況に襲われている。日本でも株式市場が一〇月以来、二度にわたって日経ダウ七〇〇〇円台の低水準にまで暴落し、また一一月の自動車販売台数は前年同月比二七％ダウン、工作機械受注額も同六二％ダウン（いずれも単月で過去最大の低下）、（企業倒産件数も一～一一月累計一万四二八四件の高水準で前年合計を上回り、また非正規従業員をはじめ正規従業員の解雇すら始まっている。そして超優良企業のトヨタですら二〇〇九年三月期経常利益五〇〇〇億円、純利益三五〇〇億円の赤字（七一年ぶり）の予想が報道されるに至った（二月六日）。この世界的大不況に対して、米国をはじめ日本も公的支援を始め、企業倒産を防ぎ操業を維持する政策、そして雇用の維持、また需要の喚起などの抜本的経済・社会政策を実施している。いずれ、これらの政策が功を奏することだろうし、一刻も早い景気回復を願うばかりだが、このような時にこそ、現在とともに将来を見据えた国政が大切である。そして、その重要な要素に省エネを含む環境事業への投資、同関連技術の開発と市場開拓などを忘れてはならない。環境事業は雇用吸収に役立ち、またＧＤＰの増加にもつながる。このピンチこそ、改革のチャンスである。筆者はそのように強く思う。

２　政府・自治体――行政

――我が国では目先の景気、次の選挙の得票のみを意識して、将来を見据えた地球環境保全のための政策になっていないのでは？　抽象的な議論は進むが必要な効果のある政策が欠けている！――

(1) 地球温暖化対応・省エネ――このままでは日本のCO_2排出は減らない

日本は〇八年七月のＧ８の議長国としてまたとないチャンス、しかし現実は大きなピンチであった。先進国では米国を除いて我が国だけが自主行動計画のままで京都枠組み以降の総量目標を掲げず、排出権取引を拒否していた。そしてその抵抗勢力は経済産業省、経団連、他である。省エネにおける我が国の過去の大きな改善も、既にエネルギー効率、排出原単位においてもドイツ、英国に抜かれている業種は多い。ＥＵに対しては無論のこと、オバマ政権の米国にも今後追い抜かれる可能性が大きい。

現在の政府の地球温暖化政策の骨組みは次の通りである。

・産業業務部門の対策――工場・事業所での取組みの客観的評価、新たにチェーン店での一

括取組み強化
- 住宅・建築物の省エネ性の向上――各種優遇措置によるインセンティブ賦与策、中小規模・既存のものを含む
- 自動車単体対策――クリーンエネルギー車の普及、さらなる低燃費化
- 交通・運輸対策――LRT等の導入促進、交通渋滞緩和、モーダルシフトの一層の推進
- 都市構造対策――地区レベルでのエネルギーの面的利用の促進、コンパクトな街づくり、集約型構造の実現に向けた取組み
- 電気機器他――トップランナー基準の対象機器の拡大
- 国民運動――「一人一日一キログラム」削減の呼び掛け、「チームマイナス六％」、省エネ機器への買い換え促進、エコドライブ、ごみの減量
- 物流の効率化――商慣習の是正等を含む物流の効率化の仕組みの推進
- 新エネルギー対策――太陽光発電、太陽熱利用・風力発電等の導入、バイオマス燃料の普及

以上が国の温暖化対応政策の柱であるが、実体を伴わない方針、企業・国民任せの対策、名目的な支援策であって、目先の利得に捉われた抵抗勢力を乗り越えて実現せんとする姿勢の欠落を感じざるを得ない。具体的施策を欠き実際の成果はほとんど出ていない。

さて、「省エネ法」は第二次石油ショックの一九七九年に初めて制定、その後一九九三年、一九九八年、二〇〇二年に改正、そして一番最近では二〇〇五年八月に改正、二〇〇六年四月より施行されている。その結果――

・工場・事業所に対する熱と電気の一体管理の義務付け（年間一五〇〇キロリッター以上）
・運輸分野における省エネルギー計画提出と使用報告の義務付け
・住宅・建築分野の省エネルギー措置届出の義務化（二〇〇〇平方メートル以上の建築物）
・消費者の省エネルギー取組み促進の規定の整備――電力・ガス供給者による、電気製品等小売業者による省エネ情報の提供

これは換言すれば、立ち遅れの著しい運輸、民生の分野での省エネを進めようとするものであるが、この程度の法規――省エネの計画、管理、報告の義務付けを主とする――程度ではいかにも及び腰の政策である。その結果はCO_2排出量の増加となっているのである。

最も問題のある要素の一つとしての自動車についての、国による具体化している数少ない例に、後記のような低燃費の自動車取得税の特例措置の延長がある。自動車では、燃費効率の二三％アップ（一九九五年比、二〇一五年目標）――一三・一から一六・八キロメートル／リッターを目標とするが、これについても今のところメーカーまかせで行政による効果的な具体的施策を欠く。自動車優遇税制は、単に燃費基準一〇％増達成車は自動車税の二五％軽

減、自動車取得税の取得価格からの一五万円控除に留まっている。そして現実はメーカーによる低燃費車販売、そして各販売店での自主的対応の範囲であり、CO_2排出での改善効果には限度があり、CO_2の排出は現に増加しているのである。そして必要な時以外の自動車利用の自粛はほとんどの自治体で無視されている。わずかに

- ノーカーデー――京都市
- 一週二日八キロの往復を自動車利用しない――北海道

――これらも現在は単なる呼び掛けにすぎない。

そして低燃費運転、小型車への切り替えの勧めの他は、自転車利用のための施設の整備はいまだ例外的な自治体により行われているにすぎない。そして低燃費車の利用でも使用者にCO_2削減の意識はなく、自由気ままに乗り回し、走行距離は増え、CO_2排出量は増えている（二〇〇八年夏のガソリン価格の上昇による車使用の若干の自粛はあるが）。すなわち、ここにCO_2排出を直接引き起こすガソリン等の消費に対して課税する環境税が必要な理由がある。

そして一方、これを補う目的で次の取組みの推進が必要なのである。

ＬＲＴ（Light Rail Transit ――次世代型路面電車）のシステムは日本では例外を除いて基礎的検討段階で、成果には程遠い。車の利用（モータリゼーション）を前提としての郊外

への拡散型の都市構造ではなく、ドイツや英国のように商業施設や住宅をなるべく集約して、LRTやコミュニティーバスなどで結ぶ。すなわち、鉄道網が大変発達していた我が国で再び電車やバスを含めての大量交通機関への回帰が大切である。そして自転車利用を促進する駐輪場の整備もあわせて必要なのである。我が国でも、参考にしたい自治体の良い例として、路面電車の残っている岡山市、長崎市ではCO_2排出量が一割少なく、また福井市、堺市ではLRTの導入を検討中であり、その実現を期待したい。また、富山市では低床車両のLRTの運行が始まっており、特に高齢者を含めて極めて評判が良く、その営業成績も当初予想の三〇〇〇万円の赤字に対して二六八万円の黒字となっている（NHK〇七・一二・九）。この分野でも自治体先行型の構図で政府の政策は遅れている。そして将来的には拡散型ではないコンパクトな街づくりに変えていくことが大切である。

また主な税制措置としては、低公害車や、排出ガス規制適合車の自動車取得税の軽減措置の延長程度であり、地球温暖化防止のための環境税（五五〇〇円／年・人）の案も平成一七年一〇月に発案・公表されたまま日の目を見ないままになっている（一人一年当たりの一律税負担で良いのかの問題はあるが）。西欧・北欧諸国では環境税を実施している。その結果温暖化防止において日本はこれら諸国に対して大きな遅れをとっている。これら諸国の環境保全に対する積極的な姿勢が読み取れ、日本も環境税の導入を、自動車等関連業界、経済界の反対の合唱に影響されないで実施すべきである。

(2) ごみの減量・三R――市民の協力は温暖化防止に少しは役立っているけれど

自治体が最も力を入れているごみの減量・三Rの課題では市民・消費者の対応も進み始めている。左記のような国の法令以外に自治体も条例を制定し、市民もそれなりに協力して、その活動はある程度成果が上がりつつある。

二〇〇一年施行(二〇〇〇年公布)――「環境型社会基本法」(三R)、また同年に、「食品リサイクル法」、「建築リサイクル法」、「廃棄物処理法」の改正、「資源有効利用促進法」、「グリーン購入法」、「容器包装リサイクル法」の施行、二〇〇〇年―改正二〇〇六年――レジ袋削減の義務化、二〇〇七年四月実施、二〇〇一年に「家電リサイクル法」の完全施行、――二〇〇五年一月よりの「自動車リサイクル法」のスタート。

自治体もこの問題はごみの減量となり、具体的、かつ生活空間を清潔にできる市民に理解されやすい問題なので施策を出しやすく、市民もある程度協力している。しかし市民の理解は多くの場合単に生活環境改善のためのごみ処理の問題としているにすぎないが、ごみ処理は三Rの一部として省資源、広くは地球環境保全の問題の一部であることの理解を促す行政・自治体の積極的な、より踏み込んだＰＲ、教育が強く求められる。その正しい認識の上で、生活の質は高いが、余分な購入・消費の自粛――あらゆるものでのむだを抑えた節度ある生活習慣が醸成されるのである。

（３）国より進んだ自治体の例

環境保全全体について、東京都は国に先駆けて大規模事業者を対象にCO_2の排出削減の数値目標を設け、その達成を義務化する。国の方針に具体性がないまま自治体が率先してCO_2削減の行動を起こす例として大変適切な施策である。

この方針では、達成が難しい時は排出量の少ない他の企業から「排出できる権利」を買い取って補う仕組みも組み入れるもので、欧州で既に始めている排出量取引の日本での先駆となるものである。東京はオフィスやデパートが密集しているため、現状が続くと二〇一〇年度には一九九〇年度比削減どころか約一五％の増加が見込まれている。一％に満たない大規模事業者（原油換算年間一五〇〇キロリッター以上）――一三〇〇事業所―がCO_2排出の約四割を占めているため、大規模事業者のみを対象としている。国全体に比べて都は業務部門の比率が高いので事業所を対象にしてCO_2排出の削減を図らんとするものである。削減化計画の提出とその履行を義務化する方針である。都はまた税制による温暖化防止策も今後検討する。

具体的には、国に先駆して東京都が行っている温暖化対応政策の主なもの——

——既に義務化しているもの——

・大規模事業者温暖化対策計画書の都への提出、都はこの内容を評価、公表

・家電品の省エネラベル——使用電気代の五段階評価——二二都道府県での使用あり

・自動車環境管理計画書——車三〇台以上使用の事業者による低公害車の導入計画の都への提出

——導入予定——

・大規模事業者のCO_2排出削減目標の設定、排出量取引の実施——設定目標数値、目標未達の時に課金をどうするかの検討、課題あり

・省エネ促進税制——課税、また税の減免の検討、課題あり

そして、二〇〇八年六月二五日の定例都議会にて条例を決議、二〇二〇年までにCO_2排出二五%削減の計画で、また排出量取引制度を含むものである。

また、東京都の環境税は左記の通りである。

・炭素税（五〇〇億円）——ガソリン、軽油、灯油に対して、販売時に徴収

・電気・ガス税（三〇〇億円）——電気、ガスの使用量に対して、料金徴収時に

・自動車税（五〇億円）——自動車税を一・〇五倍に
・緑化税（四〇億円）——個人都民税一〇〇〇円を一五〇〇円に、法人都民税を一・〇五倍に（日経〇七・一一・二）。

都のこれらの税制が実現することを強く期待する。

また、他の良い例として、横浜市は二〇二五年までに一人当たり〇四年比CO_2排出を三〇%削減、そして神奈川県は具体的に電気自動車の普及のため、自動車取得税、自動車税の九〇%減額、購入費補助（国の補助金の半額上乗せ）、そして急速充電器のインフラ整備等に対し、総額一五億円を投資する予定で、それによりハイブリッド車と同様に五年以内に三〇〇〇台を達成せんとする方針で、国よりも先行する予定である。（朝日〇八・四・二三）

また、広島市も二〇三〇年度に九〇年度比五〇%削減、名古屋市、京都市、大阪市、堺市なども二〇一〇年度の削減目標を掲げている。

(4) この節の総括

温暖化を防ぐことの重要性、国の啓蒙活動は必要ではあるが、単に国民に対する呼び掛け中心では全く不十分で、現実の効果に結び付く法令化が必要である。最近の報告で環境省が「地球温暖化対策推進法」を改正して業務部門における対策を強化しCO_2削減の義務化を検討中とあるが、予想される産業界の強い反対を押し切ってぜひともその立法化を実現させてもらいたいものである。

そして〇九年度の税制改正に対する各省庁の要望が出ているが十分とは言えない。環境関連のものでは——

- 住宅用太陽光発電補助金　　二〇一億円
- 温暖化対策海外排出枠購入費　四三三億円
- 水俣病被害者救済対策　　一一五億円

住宅の省エネ減税は、二重サッシ、壁の断熱化などの省エネ化工事で、ローン残高に対する税額控除（所得税）——一%、省エネ部分にさらに一%（上限あり）——五年間、が受けられる。

「環境税（環境省案）」の二〇〇六年度見送り、そして二〇〇九年度でも落とされているのははなはだ残念である。環境対応のための上記のような優遇税も望ましいが、課税負担の発生する環境税がCO_2の発生を直接減らす効果があるので大変必要なのである。

二〇〇八年八月に発表された総合経済対策原案における環境関連の対策でも、「持続可能社会」への変革加速と表明しつつも、高速料金の引き下げ、燃料負担の多い業種への資金調達の支援等バラマキ型で、環境税の議論は封印されたままであり、大変残念である。

CO_2排出量削減の遅れに対する政府計画の見直し素案は、〇七年一二月現在次のようになっている。すなわち環境税の導入は先送りし、次のような対応策で京都議定書による目標を達成せんとしている。すなわち、自主行動計画の推進による追加削減効果――一八〇〇万トン、国民運動――六七八～一〇五〇万トン、省エネ機器対策――五〇〇万トン、産業・業務部門――五〇〇万トン、中小企業の削減――一八二万トン、廃棄物分野――九〇万トン、代替フロン対策――一一四万トン。そして現在の一〇年度見通しでは二〇〇〇～三四〇〇万トン不足の見通しで、上記追加具体策の重複調整をしつつ検討を続けている（朝日〇七・一二・一四）。しかしこのような枠組みだけで良いか疑問を感じざるを得ない。なお、二〇〇八年二月に再びもう一つの計画が出されている。

地球環境保全の対応は、近い将来の人類の生存にかかわる問題なのである。業界の反対の大合唱にめげずに地球環境保全についての政策――義務化と罰則を伴うもの――の法令化とその履行を行うべきである（現実はいまだスタートの段階で、実効性に欠ける）。環境税を含み真にCO_2排出削減の履行を促す実体的な法令の制定、整備、そして地球環境保全についてのその他の必要な政策は、当面のエゴイスティックな利得にとらわれる業界――一部の

表 2-3　環境保全予算―事項別経費―特別会計を含む　（単位百万円）

	19 年度予算	20 年度予算	増減
地球環境保全	491,158	659,658	168,500 増
大気環境保全	279,711	282,118	2,407 増
水・土壌・地盤環境保全	819,504	786,757	32,747 減
廃棄物・リサイクル	132,112	120,621	11,491 減
自然環境保全	285,056	279,602	5,454 減
その他	87,394	85,323	2,071 減
合計	2,094,935	2,214,079	119,114 増

（出典：環・循白書平成 20 年）

表 2-4　環境保全予算―省別経費―特別会計を含む　（単位百万円）

	19 年度予算	20 年度予算	増減
農林水産省	381,857	380,875	982 減
経済産業省	183,924	319,330	135,406 増
国土交通省	1,126,654	1,069,547	57,107 減
環境省	221,509	223,968	2,459 増
その他	180,991	220,359	39,368 増
合計	2,094,935	2,214,079	119,144 増

（出典：環・循白書平成 20 年）

業界団体、経済界——の反対があっても行うことが歴史的に審判されるのである。そしてこのような環境税の導入とともに、大量交通機関の利用の促進、ＬＲＴの導入・推進、自転車利用の促進・復活、日本に適した交通の仕組みへの回帰の促進——将来的にはコンパクトな街づくりの指向——を現実の国の政策として進めるべきと考える。

二〇〇八年一〇月以降に加速された景気後退は大変深刻で人員削減、雇用調整が進んでいるが、このような時にも環境保全の政策はしっかりと進めなくてはならない。省エネ機器、三Ｒ事業、バイオマス等をはじめとした環境保全がらみの事業は雇用創出につながるとともに景気を下支え、また押し上げるものであり、政府の積極的施策を期待したいものである。

（5）政府・行政に対する要望――【アクションプラン】

アクションプラン1
他国をリードする環境保全総合計画の策定とその履行を急げ

海外諸国、特に西欧・北欧での取組みは第1章で述べられているように緊迫感に溢れていて、政治のリーダーシップのもと、具体的な中・長期目標があり、新エネルギー導入が現実に進みつつある。日本の地球環境の政策は実効性を著しく欠く抽象論であり、改革的改善が必要なのである。

アクションプラン２

環境税の導入を急げ――西欧・北欧の例に学びつつ

環境対応の税制としては、規制・削減（消費・使用に対し）に効果のある環境税が特に必要、――すなわち、ガソリン税（円／リッター）――日本：六一（暫定込み）、三八（暫定外し）、イギリス：一四九、ドイツ：一四二、フランス：一三三――の現状――、ガソリン税を少なくとも暫定税率追加程度の八四円／リッターに、――経済界、財界の目先の自己の利得のためのプレッシャーにめげずに行う――環境税なしの現状は大きな遅れである。

アクションプラン3
省エネ優遇税に厚みを持たせよ

省エネ自動車――燃費基準一〇%増達成車は、現行の自動車税の二五%軽減、自動車取得税の一五万円控除を、それぞれ五〇%軽減、三〇万円控除に倍増して、省エネ車両への移行をもっと積極化する。また、省エネ家電――省エネ家電製品の購入額の一部（一〇～二〇%――省エネ率により差をつける）を所得税額より控除する――ただし現所有品の取り替えを条件とする。

アクションプラン４
環境保全がらみの研究・技術、製品化の支援策を十分にせよ

環境保全がらみの研究・技術開発（新・改良ともに）でのＥＣＯ技術・製品への積極的指向のための厚みのある支援―減免税、加速償却、資金援助が必要、―（現状の支援は単なる名目的な率・額であり不十分である）、―その財源としては、トップランナー制度―省エネ機器情報二億一六〇〇万円、高効率給湯器一〇八億二二〇〇万円、ＩＴ管理システム―ＢＥＭＳ、ＨＥＭＳ等八一億一八〇〇万円、エネルギー支援合理化二〇二億九一〇〇万円、省エネ技術開発六二億円等の、約倍増の予算措置が必要、―開発から立ち上げ販売をも対象とする。

アクションプラン5

自治体での環境対応のさらなる積極化を図れ

地球環境問題は国をあげての課題である。一部の自治体は国よりもはるかに進んでいることも参考として、実行部隊としての全国の自治体の環境活動を一層積極化させる。CO_2削減の目標を義務付ける（現在、目標〝あり〟は六〇％に留まっている）。各自治体の目標値（一九九〇年比、二〇一〇年）の平均六％減を一五％減に引き上げさせる。

アクションプラン６
大量交通機関の復活・利用の促進――そのための料金補助も考えよ

交通政策としてのＬＲＴの導入・促進に資金援助（効果的で厚みのあるものに――また自転車利用の促進のための――駐輪場の設置・拡張、自転車道路整備を行う――（現在は自動車の利用のためのみのCO_2まき散らし型の道路計画である）――パリ、ブルゴス（スペイン）等での、自転車の共同利用システムを日本でも積極的に進めること。将来的にはコンパクトな街づくり、――スウェーデンの「シェースタッド地区」はバス、電車、フェリー（ストックフォルムは海に面している）の利用を生かし、集合住宅は太陽電池を屋根や壁に据え付け、ごみ収集は地下収集システムを使い、汚水処理とともにエネルギー生産・処理システムとバイオ燃料化を行う。そして二〇一五年までに二平方キロメートルに二万五〇〇〇人が住む環境先取り型のエコロジータウンとする壮大な計画から学ぶ。またドイツ（Freibourg, Mannheim）、フランス（Strasbourg, Bordeaux）のＬＲＴを生かした交通システムに学ぶこと。

――なお、福井、堺でＬＲＴを前向きに検討中なのは良い兆しである。またＤＲＴ（Demand Responsive Transit）――一例はコミュニティーバス――も行政として積極的に対応をしてもらいものである。

アクションプラン7
省エネ建築での支援施策に厚みを図れ

省エネ建築（改築を含む）での支援施策――補助金の増額、資金の優遇措置、減・免税措置を――省エネ化の義務付けを国のレベルにも設定すること（東京都は決定済み）――CO_2排出量三〇〇〇トン（原油換算一五〇〇キロリッター）、また、さらに義務付けを三〇〇〇トン未満（一定規模以上）にも適用させる。

――一方、太陽光発電の設置、ヒートポンプの設置、エコガラス・ペアガラスの使用、また、ひさし・ブラインド、天窓の設置、ビルの場合の屋上緑化、外壁緑化等、

——支援策として一般住宅におけるローン残高の一部の税額控除に留まらず、設置費、製品への補助金制度の構想が福田内閣にあったが、ぜひ実現して貰いたいものである。

——福田内閣の二〇〇年住宅の具体化。

——そして、住宅での省エネ性のラベリング制度の実施。

アクションプラン８
政府・自治体による温暖化対応の総合的な啓蒙、教育をせよ

政府・自治体による温暖化対応の総体的関係とその総合的な啓蒙、教育を進める。

——CO_2の発生と温暖化、省エネ・資源の枯渇、三Ｒ（再生利用、再使用、排出抑制）と分別、例えばレジ袋の不使用がどのように、どれ程温暖化防止に役立つかを

——（しかし現在は、別の捉え方——生活環境の改善・浄化——をしている場合が多い——すなわち現状は、断片的で、総合的でない説明・啓蒙が多い）。それによりむだの多い消費・大量廃棄の生活文化の自粛をあわせて期待。

アクションプラン9
自然エネルギー推進のための税制措置、補助金支援等を図れ

自然エネルギー——太陽光、風力、小水力、第二世代バイオマス等の発電推進のための税制措置、補助金支援等。——これを企業への適用のみならず、私事業・個人の活用にも適用促進する（現状の発電に占める自然エネルギーの比率——日本：〇五年度〇・五％、ドイツ：〇七年度一四％、スペイン：七・九％）。

——電力会社による自然エネルギー電力の買付け義務量を現目標の約三倍の四％に引き上げる（二〇一〇年）。また買い上げ価格も現行の約三倍に引き上げる（ドイツは三倍の価格で設定）——すなわち、ＲＰＳ（Renewable Portfolio Standard）制度の根本的見直しを行う。

——第二世代バイオマス——林業、建設現場から発生する間伐材・製材屑、建築古材の利用、下水汚泥・畜産糞尿・生ごみなど食品廃棄物、そして稲わら・籾殻、廃食

用油等を利用しての「第二世代の燃料」の積極的活用は、省エネとともに循環型社会の典型でもあり、従来の支援の倍増をすべきである――（原資材のコストはゼロに近いが収集・運搬・そして生産にコストがかかるので）。

――太陽光発電促進への支援の増額――日本が断然先行していたが二〇〇六年にはドイツに抜かれ約一七〇万キロワット／年に留まっている。一因は住宅における使用に対する補助金が二〇〇五年で打ち切りになっていることである。そこで太陽光発電を再拡大する福田内閣の方針に則り、経済産業省の方針として、設置費（平均二三〇万円）の半額を補助する、また製品への補助金（一キロワット当たり二万円の過去の額以上）制度の検討を始めているが、ぜひ実現させるべきである（太陽光発電の建築向けは前記を参照願う）。

――グリーン電力証書（自然エネルギーでの発電部分が金額として証書化され、その販売が可能となる）を企業用のみならず個人用もを対象にするような設計にする。

――またグリーン熱証書（上記の熱版――バイオマス、太陽熱、ゴミ焼却時の排熱等）も設ける。

3　企業・産業

――事業サイトでの省エネのみでなく、提供する商品、サービスが地球環境保全を損なうものになっていないか、自社の目先の事業活動のために、知らず知らずCO_2排出、資源の濫消費を進めていないか！

(1) 産業界の対応は不十分――むしろCO_2排出に加担している

一体全体、企業の地球環境保全に対する対応は十分できているのであろうか。現実は多くの企業で原単位ベースでの改善を報告しているのであり、したがって総量・総額ベースでは悪化している場合が圧倒的に多いと言える。

そして企業としてさらに重要なことは、消費者のECO指向の購買につながるECO指向型の製品の開発、それへの事業政策および活動での移行を企業が行うことであるが、その点についてはまだ大きな問題がある。現実は企業の目先の活動、大量生産・販売指向型で、結果的に大気汚染、資源の過度の消費が進む結果を引き起こしている。経団連主導の各社の計画は自主計画で、原単位で目標を設定したところが多く、省エネで原単位が改善しても生産量の増加により排出量が増えることが多い。その結果前記三三業種の実際の総排出量は計四億七六〇〇万トン（二〇〇七年）で前年比三・六％増、そして一九九〇年度に比べて適正な改善にはなっていない。ここに経団連主導の原単位指向の自主計画の甘さが見られる。そして地球環境保存、温暖化防止のCO_2総量排出削減にかかわる企業倫理が今まさに待ったなしで必要とされているのである。

確かに日本は一九七〇年代以降の石油危機に対応する省エネの技術開発が世界で最も進んできている国の一つであることは事実であり、その技術は他国での省エネ、温暖化対策に生かすことができるが、再び今やさらなる省エネ・省資源そして温暖化防止を日本を含めて世界的規模で行うことが必要となってきているのである。

(2) 企業・産業に対する期待――環境についての企業倫理のすすめ

まず企業の生産・事業活動自体（サイト）での省エネ、CO_2の排出削減を十分に行っているか？　これについては原単位ベースで前向きに対応しつつあるとは言え、総量の結果については十分であると言えないのは前述の通りである。

そこでさらなる改善のために、以上の中一三業界は削減を約三割上積み――一三〇〇万トンのCO_2排出削減――を決めている。また、さらに電機、自動車、百貨店、ドラッグストアーの四業種の追加削減二五九万トンの上乗せも決定されている。これで電機・電子業界は二三〇万トンの追加削減、自動車業界は二〇万トン追加削減を自主行動計画の目標にする。さらに業務部門の、私学連合、保険協会等の一八団体も数値目標を導入することとなっている。団体の業務の性格上具体的な削減量を大きくは期待できないが、温暖化対応の必要性の認識がさらに広がっていることを示すものである。

そして以上の事業場所における省エネ改善の他に、企業部門としてもっと重要なことは次の点である。すなわち――消費者のＥＣＯ指向の購買につながるＥＣＯ指向型の製品の開発、提供を企業が行っているであろうか、また企業には収益性確保の命題があるにもかかわらず社会的責任（ＣＳＲ）的要請も考え地球環境保全の具体的な対応を積極的に行っているであろうか。地球環境問題は本来ＣＳＲすら超える重要な課題である――しかし前述の通り、現実は企業の目先の活動、存続、また規模の拡大の命題が優先して、大量生産・販売指向型で、結果的に大気汚染、資源の過度の消費が進む結果を引き起こしており、前述のように地球環境保全の視点からは Vicious Circle ――悪の循環になっている場合が多い。

しかしまだ少数の企業ではあるが自社製品の使用の場で出るCO_2の総排出量を削減する計画を策定・発表するところが出始めたのは良い兆しである。東芝は二〇二五年の排出量を二〇〇〇年比五八〇〇万トン減らす計画を発表（現在の全国の排出量の五％に近い）、その実行の一つとして白熱電球の生産中止、LED使いのランプへの切り替えを発表、日立も一億トンの削減を発表。また自動車ではホンダはハイブリッド車の重点化とともに、燃料電池車（CO_2排出ゼロ——○の希望の車——一〇年後の大幅なコストダウン）を研究開発中で積極性が見られる。住宅建築分野では大和ハウスが「外張り断熱」を推進中で、通常の家に比べて住みながらにして〇・六四トン／年のCO_2排出減（朝日〇八・五・一〇）（これは政府の国民運動一キロ／人・日の年間の二人分に近い）が可能である。このように事業場所での改善のみならず使用・消費に際しての実際の削減排出量の表明は素晴らしいことで、他の企業も大いにこのような対応を進めてもらいたいものである。

発生したCO_2を固定化する開発計画も既に事業化が進みつつある（CCS—Carbon dioxide Capture & Storage）。これについてはコスト、安全性等に疑問を投げかける見方もあるが、成功すれば化石燃料の使用により排出されるCO_2を大気に放出することなく固定することで温暖化防止の第一歩である。まず火力発電所、製鉄所などの大量発生源からのCO_2を分離回収して深海底、地底に貯留する方法がある。石油火力発電所の排ガスは一〇％のCO_2、そして製鉄所の排ガスは二〇％のCO_2を含んでおり、このようなCO_2の大量発生源からの排出が発生源ベースでは半分以上を占めているので、この部分の回収・貯留によるCO_2の削減効果は大変大きい。さらに、CO_2の貯留に際して、それを油田に注入して原油回収の効率を引き上げる方法の開発も進められている（――発生CO_2回収・利用）。日中共同のCCSプランは火力発電所から出るCO_2をパイプラインで国竜江省大慶油田に運び埋設・注入して原油の回収効率を上げげんとする計画で、これはグローバルな対応であり、関連各企業の積極的な参画・活動を期待する。

さて、企業の一角を担うマスメディア（報道、出版）の役割は本来大変大きいはずであるが、これが有益に機能していない。国民の「環境」の言葉への関心は高まりつつある。そこで「環境」を単に企業PRのツールとして使っている（濫用している）企業も目につく。すなわち、製品、企業のイメージアップを売り込みつつ（時にほんの僅かな省エネの改善はあっても）、CO_2排出型の商品の拡売を行い、結果的にCO_2の排出を大きく増やしている企業が多いのである。キャッチコピー、セールストークとしての「エコ」「環境」ではなく、真に環境保全に役立つことを大切にする尺度を放映に、そしてコマーシャルに導入してもらいたいものである。二〇〇八年六月八日に三四時間をかけてSave the Futureの環境番組をNHKが放映しており、市民の関心が高まる上での貢献は大きいが、地球環境について間違った理解にならないことを願うばかりである。たくさんのキャンドルを煌々と燃やしてのエンディングはなんとかならなかったのだろうか（LEDを使っているようには見えなかった）。

地球環境保全についての前向きの、協調的コンセンサスを作り上げるためのマスメディアの役割は大変大きいのである。

したがって、企業は地球環境保存のコンセプトと理念を経営基本方針の中に入れるとともに、CO_2削減の政策をCSRを超える会社の最重要政策としなければならない。この問題は国民、企業、国、にまたがるすなわち人類の生存の問題なのである。そのように考える時、企業の理念・対応方針の中に製品の〝消費・使用でのCO_2の発生削減〟を取り上げる（単なる〝環境指向〟の抽象的表現ではなく）企業が前記のような例外企業を除いてこれまでほとんどなく、現実は量産型・量販型の事業経営をして、結果的にCO_2排出を進めているのは真に憂うべきことである。そして法制度の不備、行政の遅れの改善がまず図られなければならないが、同時に企業が環境問題を無視しての、規模のメリット追求型の生産拡大、そして結果的に廃棄を拡大するこのような現状を、社会・人に対する責任・義務として何としても改善してもらいたいものである。

今後企業にとってCO_2削減のための計画を原単位ベースと共に、総量・総額ベースの併用に現実化、高度化させる――そして企業の製造、販売におけるECO製品への積極的指向

——ＣＳＲ（企業の社会的責任）における具体的政策としての表明とその遵守、すなわち、環境倫理の導入・向上を強く期待する。そして流通・小売でのＥＣＯ製品の普及の重要性から同業界にも全く同様なことを強く希望する。

（3）企業・産業に対する要望——【アクションプラン】

アクションプラン10
事業活動におけるCO_2削減計画・目標の高度化を図れ

すなわち、事業場所におけるCO_2削減計画・目標を高度化、義務化する（経団連等の経済団体による）。

——まず総量・総額ベースも——（現状は原単位ベースでそれのみでは不十分）。

——そして計画管理・実績の所管省庁、環境庁への提出の義務化。

——省エネ、CO_2削減の目標・実績を有価証券報告書での記載事項とし義務づける。

アクションプラン11
工場・事業所でのCO_2削減諸具体策の設定、推進をせよ

すなわち、工場・事業所でのCO_2削減の種々の具体的諸事項の設定、その推進（経団連等の経済団体による）。

――ヒートポンプ、コジェネレーションの採用の義務付けとその実施。

――製造における省力化計画、工場廃棄物の削減・リサイクル化の計画の所轄官庁への提出・管理。

――物流での列車（レールカーゴー）の活用――CO_2の排出は八分の一――（トラック輸送ではなく）、出張での鉄道の利用――CO_2の排出は三〇％に（航空、車ではなく）――すなわち、モーダルシフトの実行、普及。

アクションプラン12

製造、販売における環境配慮製品への積極的指向を進めよ

各企業の製造、販売における環境配慮製品への積極的指向化。

――事業製品の使用・消費でのCO_2削減目標の設定・表示、――例―東芝、日立等での設定あり。

――ＣＳＲ（企業の社会的責任）における具体的政策としての表明とその遵守、――（現状は多くの企業で基本的指針の水準であり、具体的でないケースが多い、また単に拡売のためのキャッチコピーとしての利用の場合が多い）。

――そして環境配慮製品普及のための行政による厚みのある補助制度（電気自動車、省エネＩＴ品等で）と、制度の積極的活用による事業経営での環境配慮製品化。

アクションプラン13
最終市場（小売）での環境指向化を図れ

——省力・CO_2削減度の表示の義務付け——省エネラベリング対象品目（一三品目）を大幅に増やす。省エネ表示の中に省エネ効果として消費電力のみ（現行）ならず、比較効果金額を表示する。

——個店とともに流通チェーンとしての一括対応の省エネ、環境保全活動を進める。

——一例として、流通チェーン店での省電力のための蛍光灯、ＬＥＤ電球使用への切替えを義務付ける（白熱電球の全廃）。

アクションプラン14
生産・流通の企業は環境保全のあらゆる諸行動を積極化せよ

環境保全、温暖化防止行動の例として――

――事業場所でのソフトウエアを生かした省エネ対応、温暖化対策・CO_2排出削減。

――公害防止対策――排出液の削減、その回収と再生。

――産業・一般廃棄物の再利用・リサイクル。

――物流・交通におけるモーダルシフト――車より列車・電車等に、また自転車等も活用する。

――コンビニ店の深夜営業の禁止、店舗隣接の自動販売機の廃止等の過剰サービスの自粛。

――分別問題、ごみの減量・処理を含む三Rの行動は、徐々にではあるが進みつつある。

これは循環型社会の形成に必要である。

アクションプラン15
各産業、企業は自然エネルギーの開発・事業を推進せよ

世界の風力発電は緩やかな伸びであったものが昨年頃より急増し始め、風力発電量は二〇〇六年は二年前の一・九倍の七三九〇万キロワットに伸びている（設備）。デンマーク、スペイン、米、独のメーカーが主で、日本はこの面でも遅れている（日本の〇六年の発電量は一三九万キロワット）。風力発電は設置コストが高く供給の安定性を欠く問題があるので日本ではその設置と電力会社による利用が極めて低いが、ドイツではその発電全量の購入を（約三倍の価格で）法律により電力会社に義務付けているので、風力発電は伸びている（スペインも同様）。国による支援の施策を受けつつ、多くの企業が発電事業に前向きになってもらいたいものである。

また、太陽電池についての世界の動向は「太陽電池バブル」と言われるほど活発で、

生産・消費ともに順調である。しかし日本国内での太陽電池の使用・生産はこのところ低調で、二〇〇七年は二二％減少、輸出は一六％増加である。かつて一位であったが二〇〇六年にはドイツに抜かれ約一七〇万キロワットに留まっている。一因は住宅における使用に対する補助金が二〇〇五年で打ち切りになっていることである。そこで太陽光発電を再拡大する福田内閣の方針に則り、経済産業省の方針として、設置費、製品への補助金の制度の検討を始めているが、その実現とともに、太陽光発電を建築に、工場操業に十分に活用してもらいたいものである。

二〇一〇年の新エネルギー導入量は原油換算一九一〇万キロリッターで、そのうちの八九四万キロリッター（熱利用を入れて）がバイオマス電・熱を目安にしている（エネルギー庁、他）。日本のバイオ燃料発電の目標は二〇一〇年までに五〇万キロリッター（原油換算）であるが、その計画の実行は大変遅れていて、ＢＤＦで五〇〇〇キロリッターが現状である。しかし第二世代のバイオマスは今後一層魅力のある市場になることだろうから、関連企業は積極的に参入し、推進をしてもらいたいものである。

（安藤　顕）

第3章

はじめよう、あなたから！

1　環境問題は国と企業に〝おまかせ〟でいいのだろうか

アクションプラン16
日本の暮らしは地球二・四個分！　と知ろう

良い環境にすることは国の仕事なんだから国におまかせしたい。
温暖化は企業活動の結果なんだから企業が責任を持つべき。
技術で解決できるんではないか。
温暖化と騒いでいるけど一人の行動でどうにかなるものでもない。
不便な生活はごめんだ……

まさか、あなたはこんなふうに思っていないだろうか。

自分の行動を考える前に、地球の現状とあなたの生活の環境負荷の現状を見てみよう。

(1) 私たちの経済活動は地球が提供できる規模を超えていないか

現在の地球の現状をわかりやすく伝えるものとして、エコロジカル・フットプリント(Ecological Footprint)という考え方がある。「フットプリント」とは「足跡」のことで、私たちの暮らしや経済が、地球のどのくらいの面積を踏みつけているのか、人間活動はどのくらいの面積に支えられているのか、という考え方が「エコロジカル・フットプリント」だ。これでわかるのは、「人類が地球に対して要求しているもの」と「地球が提供できる能力」との関係である。

NPO法人・エコロジカル・フットプリント・ジャパンでは、エコロジカル・フットプリントという指標をもとに、私たちがエリアの適正規模(環境収容力)をどれくらい超えた経済活動をしているかを示している。

◆エコロジカル・フットプリント

（NPO法人・エコロジカル・フットプリント・ジャパン）

［指標の計算方法］

①あるエリアの経済活動の規模を、土地や海洋の「表面積（ヘクタール）」に換算。

・表面積：食糧のための農牧地・海、木材・紙供給やCO_2吸収のための森林など。エリア外からの輸入物の生産に要する面積も含む。

・この表面積＝エコロジカル・フットプリント＝そのエリアで自然環境を踏みつけている面積であり、人間の足跡（Footprint）。

②その面積をエリア内人口で割って、一人当たりのエコロジカル・フットプリント（ヘクタール／人）を指標化。

◆日本と米国、世界合計のエコロジカル・フットプリント

・日本のエコロジカル・フットプリントは　四・三ヘクタール／人

・米国のエコロジカル・フットプリントは　九・五ヘクタール／人！

・世界合計（公平な割り当て面積）は　一・八ヘクタール／人

これによると、

・世界中の人々が日本人のような暮らしを始めたら、地球が約二・四個（四・三÷一・八）必要である。
・世界中の人々が米国人のような暮らしを始めたら、地球が約五・三個（九・五÷一・八）必要である。

同NPOは、私たちに地球一個分で暮らせる未来を目指そうと呼びかけている。

(2) あなたの生活は環境に負荷を与えることはないのだろうか

生活をする際に必ず排出するごみについてのデータを見てみればあなたの生活が環境に与えている負荷を知ることができる。

◆日本のごみの年間排出量と一人当たりの排出量（環境省）

・昭和六一年度　年間四二九六万トン
・平成一六年度　年間五〇五九万トン（東京ドーム約一三六杯分）
・一人当たり一日に一〇八六グラムの増加

表3-1　消費者の環境意識

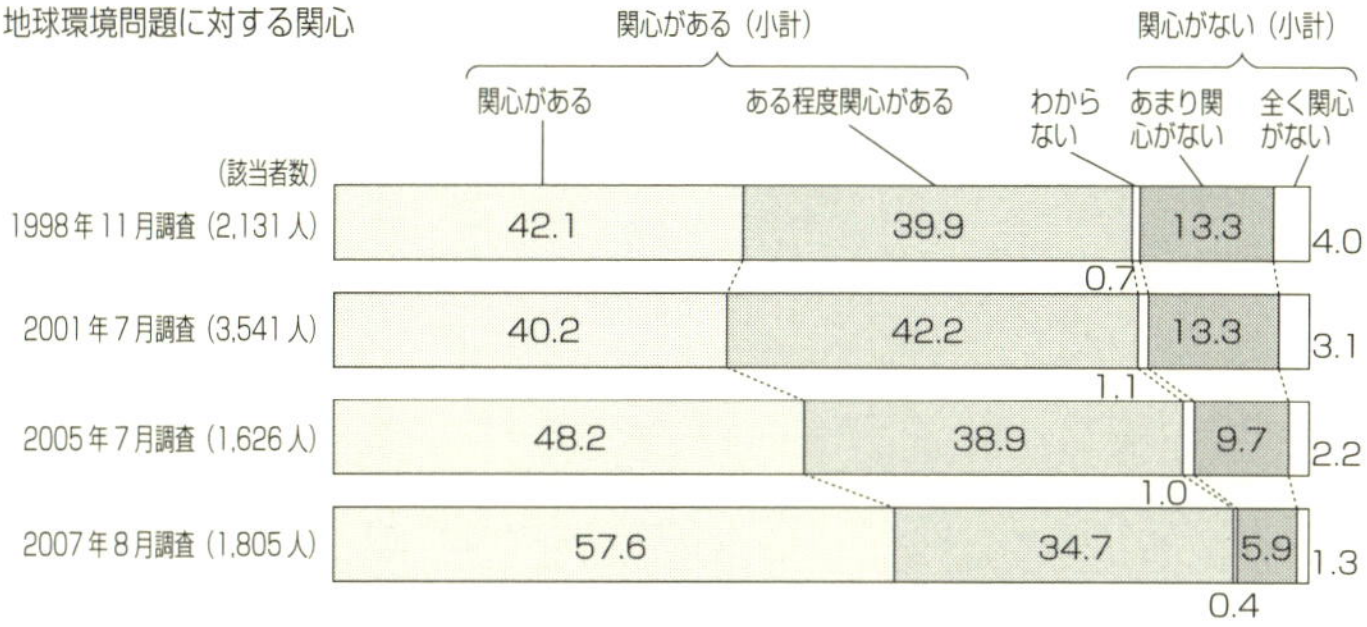

資料：内閣府「地球温暖化対策に関する世論調査」

（3）一般の消費者の環境に対する意識はどうなのだろうか

内閣府が行った「地球温暖化対策に関する世論調査」において、「オゾン層の破壊、地球温暖化、熱帯林の減少などの地球環境問題」に関心があるかどうかを聞いたところ、「ある程度」も含めて「関心がある」とする者は九二・三%と高い数値を示し、「関心がない」とする者は七・二%にすぎない。「関心がある」は年々割合が高くなっている。

しかし、個人の日常生活での取り組みでは、「取り組む」とする者は八五・二%であり、「取り組むことは難しい」とする者は五・四%にすぎない。しかし、「取り組む」者の割合は年々高くなっている。

この結果は消費者の環境意識と行動が一致し

ないことを示す。今後、いかに消費者が意識に沿った行動ができるかが課題である。

なお、第1章において、世界一四カ国の消費者の持続可能な消費行動についての調査結果があり、日本は一四カ国中一一位と報告されており、日本は諸外国に比べて遅れていることがわかる。

この章は、消費者がまず地球に起きていることを知ることから始めて、消費者一人ひとりができることをアクションプランとして示すものである。

有限の地球において、無限の活動は不可能であるという事実を見つめ、また地球が発している警告に真摯に耳を傾け、これからのライフスタイルを、そして、自分ができる行動を考えてみませんか。

2　今何が起こっているのだろう

アクションプラン17
地球の情報を新聞、本、ネットから取ろう

あなたの子どもや孫たちに美しい地球を残すことは今のあなたの行動にかかっている。未来の子どもたちは生きるための地球を前の世代の人たちからそのまま受け継ぐしかできないのだから。

まず消費者が自分の責任を知って行動につなげるために必要なことは、地球に起きている環境問題に関心を持つことだ。問題を知らない限り行動には結び付かないからである。これが基本的なアクションである。

しかし、情報化社会と言われる私たちの世界では、大量の情報にあふれ、ときには相反す

る情報に戸惑うことも少なくない。また人はどうしても楽なほうに行きがちだから、**地球温暖化は問題ない**という情報にしがみつきがちだ。本当にそうなのか。常に未来の子どもたちのことを考えるクセをつけたい。

地球に、そして私たちの暮らしに、何が起こっているのかを知る方法として、次のようなものがある。

(1) 国のホームページは情報の宝庫

国は、国の責任として、未来に持続可能な地球を引き継ぐためのさまざまな情報を、ホームページや白書（環境白書、子供白書、循環白書など）で発信している。

◆環境省の場合　※国の環境情報としては環境省が代表である。

環境省には、環境政策のほか、リサイクル、大気汚染など環境問題にかかわる情報が掲載されている。そこには消費者の行動にかかわる情報もたくさん含まれている。ちなみに、平成二〇年九月二七日、環境省のホームページの「トピックス」には、「◇九月はオゾン層保護月間です――地球を守るための五つの大事な心がけ」が掲載されていた。

他の省庁にも環境関連の情報が掲載されているので、機会を見つけてのぞいてみよう。

(2) 今すぐ行動に移すための環境情報を知りたいとき

今すぐ消費者が行動に移すための情報を知りたいときには、次のようなものが便利だ。

◆環境Goo (http://eco.goo.ne.jp/)

トップページには、環境関連ニュース、環境クイズ、自然・動物・環境番組のほか、環境問題を八つのカテゴリー「自然」「暮らし」「食」「地域」「働く」「学ぶ」「CSR」「トピックス」に分割して詳しく解説しており、自分の関心に合わせて調べることができる。

◆EICネット (http://www.eic.or.jp/)

(財) 環境情報普及センターが運用するものだが、環境情報ナビゲーション」では必要とする環境情報にいわば「省エネ」で手際よくたどりつくための方法の紹介やグローバル・ローカルな環境問題をイラストで表現し、一目でわかるような工夫もある。

また「ワンポイントエコライフ」には「お風呂から流している残り湯って、おいくら？」などのように水道料金に換算して水の節約の効果をアピールしているものもある。

◆書籍や雑誌も環境問題の理解に役立つ

最近の書店は、消費者や企業などの環境意識の高まりを受けて、環境関係は書店でも大きなスペースで扱っている。一度書店をのぞいて見ると、欲しい書籍や雑誌が見つかるだろう。

◆本書の第1章、第2章

本書の第1章と第2章には環境問題を知るための最新の情報が記載されている。ここまで読み進めてきたあなたは環境問題を知るための第一歩を進めてきたと言えるだろう。

(3) 私たちの活動が環境に及ぼす影響を知ろう

私たちのライフスタイルは環境にどのような影響を及ぼしているのだろうか。

1では「日本のごみの年間排出量と一人当たりの排出量」を見たが、ここでは家庭用ごみの中の容器包装廃棄物関連のデータを見てみよう。

ごみの中に容器包装廃棄物の割合がいかに多いかがわかるだろう。

相反する情報をどう見るか

『偽善エコロジー』（武田邦彦著、幻冬舎、二〇〇八年）によると、〝エコな暮らしは本当にエコか？〟として、「レジ袋を使わない」、や「割り箸を使わずマイ箸を持つ」のは〝ただのエゴ〟、〝温暖化はCO_2削減努力で防げない〟、〝古紙のリサイクルはよくない〟などと主張している。多くの環境対策において、本書とは立場を異にする。

環境情報ほど多様な視点で情報が飛び交っているものはない。どの立場の本を読んでも自説に都合のいい根拠しか書かれていないようにも見え、消費者は自身の役割をどう認識し、どう行動すればいいのか戸惑っている。

ただ、環境への認識および対策について、細部の原因あるいは対策の是非にこだわるあまり、手遅れになることだけは避けたいと思う。地球の資源が有限であることは紛れもない事実であり、人間活動を無限に展開することは不可能であることを考えるなら、地球が出す警告を無視できないのではないだろうか。意見の相違を超えて、ともに問題解決していくための一歩を踏み出すことこそが重要なのではないだろうか。

表 3-2　家庭ごみ中の容器包装廃棄物の割合（2005 年度）

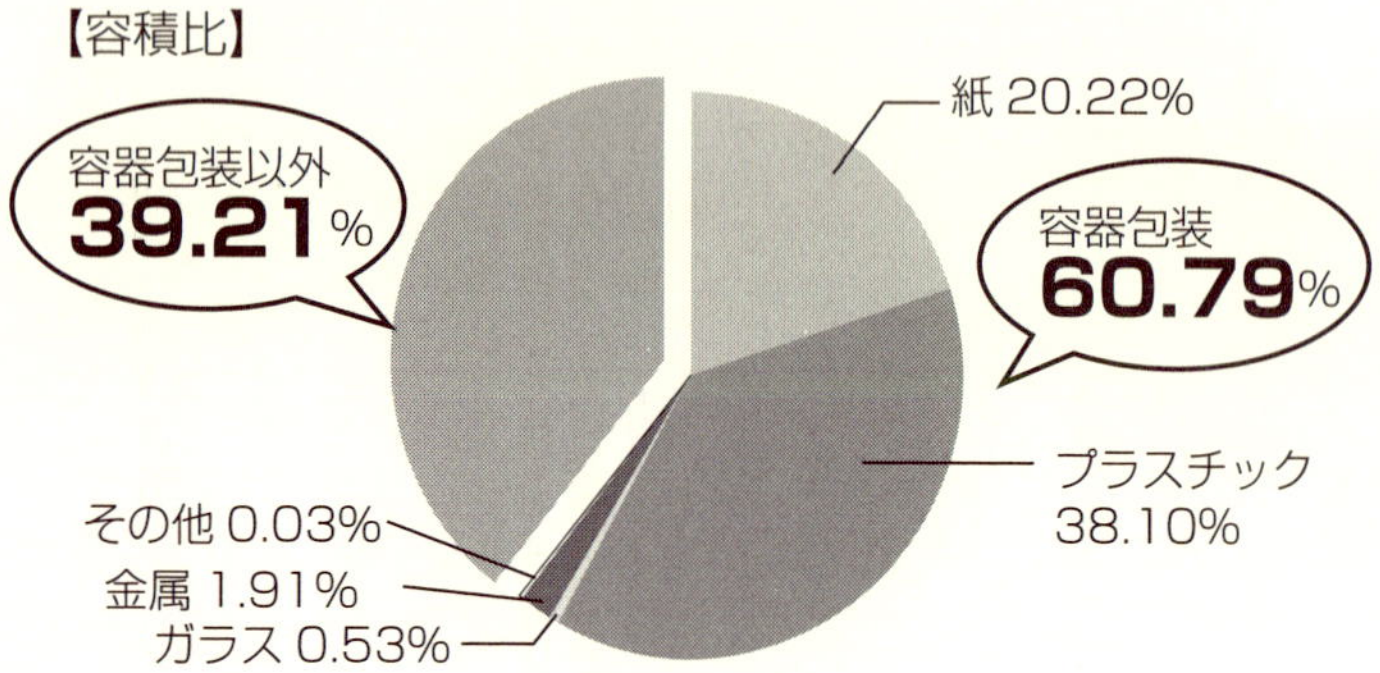

出典：環境省「容器包装廃棄物の使用・排出実態調査」

表 3-3　1 世帯が 1 年間に受け取る容器の量は？

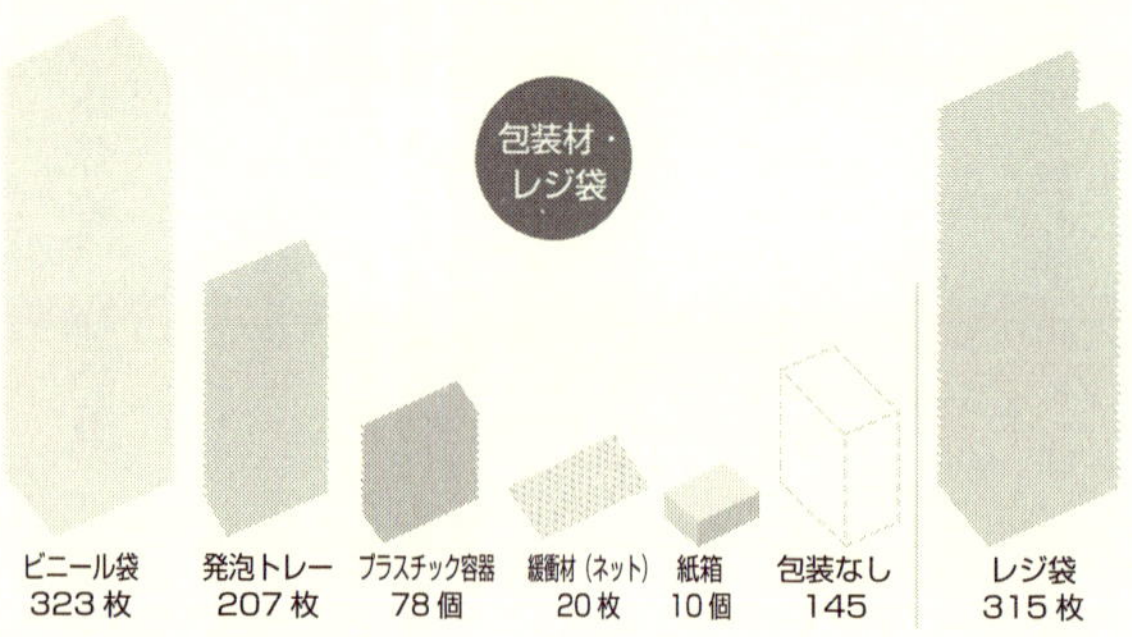

出典：（財）省エネルギーセンターホームページ

３　私たちと未来の子どもたちのために何ができるだろうか

アクションプラン18
地域間、世代間の公平な暮らしを目指そう

(1) ライフスタイルはこのままでいいの？

現在、さまざまな場面で暮らしの環境への負荷や影響が顕在化している。将来世代のためだけでなく、現在の私たち自身にとっても健全で質の高い環境が、このままでは守り継承していくことができなくなると危惧されている。ライフスタイルの見直しは必須であろう。

①持続可能な社会とはどういうものかを描けるか

ライフスタイルの見直しのためには、持続可能な社会像を描けることが必要だ。持続可能

な社会は、大量生産・大量消費・大量廃棄型の社会システムの否定であり、物質的豊かさを追求しない社会であることは明確だが、具体像が見えないため消費者の行動に結び付いていない。

二〇〇二年八月に非営利組織として設立された環境コミュニケーションのオープン・プラットフォームである「ＪＦＳ（Japan for Sustainability）」は、持続可能性を見える形で提示している。それは、（1）容量・資源、（2）時間的公平性、（3）空間的公平性、（4）多様性、（5）参加とつながり、の五つの基本概念から構成し、持続可能性とは「人類が他の生命をも含めた多様性を尊重しながら、地球環境の容量の中で、いのち、自然、くらし、文化を次の世代に受け渡し、よりよい社会の建設に意志を持ってつながり、地域間・世代間をまたがる最大多数の最大幸福を希求すること。」と定義し、環境、経済、社会、個人の四つの分野を基軸として示す。

②ライフスタイルをどう考えるか

次に、持続可能な社会像にそって、質の豊かさを追求するライフスタイルを考えてみたい。前述のＪＦＳでは、持続可能な日本のビジョンの中での「個人」についての見解は、多くの示唆を消費者に与えるのではないか。私自身は「足るを知る」の言葉に触発される。

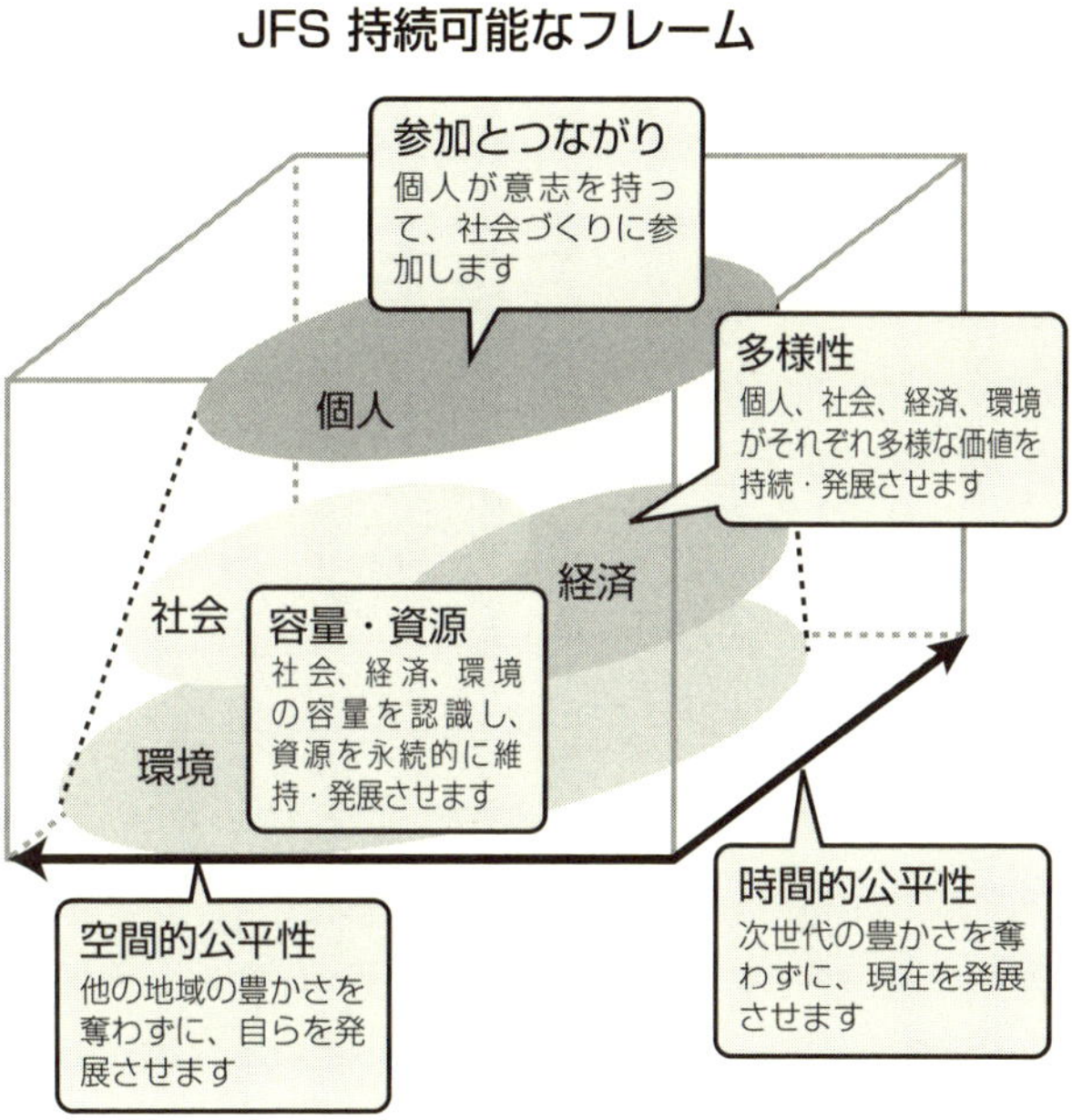
JFS 持続可能なフレーム
参加とつながり
個人が意志を持って、社会づくりに参加します
個人
多様性
個人、社会、経済、環境がそれぞれ多様な価値を持続・発展させます
経済
社会
容量・資源
社会、経済、環境の容量を認識し、資源を永続的に維持・発展させます
環境
空間的公平性
他の地域の豊かさを奪わずに、自らを発展させます
時間的公平性
次世代の豊かさを奪わずに、現在を発展させます

図3-1　持続可能な社会のフレームワーク
出典：JFS ホームページ

◆持続可能な日本のビジョン「個人」（JFSホームページから抜粋）

・人々は積極的で豊かな生活者、責任ある消費者となります。

・生活者としては、自然の摂理に沿って、自然の恵みの中で暮らし、大量に消費することより、生活の質に重点を置き、スローライフへゆるやかに移行します。もったいないの精神で、足るを知り、手を使い、身体を動かし、長寿を維持しながら、物質的な豊かさと精神的な豊かさのバランスを求めます。

・消費者としてはグリーン購入や倫理的消費、フェアトレードの目線を持ち、自らの消費行動が社会に与える影響を考え、時に企業場や市場に対して発言や行動を行います。

なお、最近注目されているライフスタイルとして、LOHAS（ロハス）も紹介したい。

◆LOHAS（ロハス）

Lifestyles of Health and Sustainability の頭文字を取った略語で、健康と環境、持続可能な社会生活を心がける生活スタイルのことを言う。

LOHASは一九九〇年代の後半にアメリカの中西部、コロラド州ボールダー周辺で生まれた新しいビジネス・コンセプトで、日本では、二〇〇四年後半からマスコミに頻繁に登場するようになり認知度も高まっている。日本では、環境意識はあるものも、〝昔の暮らし〟や〝積極的な環境活動〟にはなじめないが、豊かさと環境のバランスをとって、環境にも配慮しながらおしゃれな自分らしい暮らしをしたいと思っている人たちの気持ちをつかんだのがＬＯＨＡＳだ。

(2) 伝統文化や生活の知恵を受け継ごう

これからの生活には、物質的生活水準に適度な限界を設けるためのさまざまな工夫が必要になるが、その方法の一つとして、伝統文化や生活の知恵を受け継ぐのも有効ではないだろうか。

例として、日本では、昔から〝ふろしき〟があり、大きさや形も柔軟で、何度も使えるエコ商品として最近注目されている。二〇〇六年、当時の小池環境大臣が循環型社会を考えるきっかけにと、〝もったいないふろしき〟をレジ袋や紙袋に代わるものとして作成したのがきっかけだ。

4 購入における環境配慮としてできること

アクションプラン19
ラベルを見て、環境に配慮した買い物をしよう

私たち消費者は、〝買い物〟という毎日の行動で企業や社会を変える最大の手段を持っている。この手段をどう使うかは消費者の責任である。消費者がすぐできる行動として、環境に配慮した商品・サービスを購入するという行動と環境に配慮した企業を応援するという行動がある。

（1）環境に配慮した商品・サービスを購入する

消費者の環境意識の高まりにより、先進諸国の間でグリーンコンシューマー運動が広まっ

ている。

グリーンコンシューマー（緑の消費者）とは、買い物をするときに、できるだけ環境に配慮した製品を選んで購入する消費者のことである。グリーンコンシューマーの活動は、一九八八年に、イギリスで「グリーンコンシューマー・ガイド（The Green consumer Guide）」が出版されたのを機に展開され、環境に配慮したやさしいお店や商品を選ぶ運動として、世界各国で取り組みが行われるようになったものである。

グリーンコンシューマー東京ネットでは、ホームページ上で「何を考えて買い物をすればいいの？」のほか、「グリーンコンシューマー一〇〇万人宣言」への参加を呼びかけ、〇八年一〇月六日現在、五一一人が参加している。

◆何を考えて買い物をすればいいの？

（「グリーンコンシューマー東京ネット」）

①必要な物を必要なだけ買いましょう
②長く使えるものを選びましょう
③包装はできるだけ少ない物を選びましょう

④マイバッグを持っていきましょう
⑤省資源・省エネルギーのものを選びましょう
⑥季節に合った生活をしましょう
⑦近くで生産されたものを選びましょう
⑧安全なものを選びましょう
⑨容器は再使用できるものを選びましょう
⑩再生品を選びましょう
⑪環境問題に取り組んでいる会社のものを選びましょう

そしてグリーンコンシューマーの仲間を増やしましょう！

(2) 環境にやさしい企業を応援する

企業の環境配慮の行動は商品・サービス以外にも及んでいる。環境にやさしい企業を応援することも消費者に可能な行動である。企業のホームページや環境報告書・CSR報告書などを見て、企業の環境行動を評価し行動につなげてみよう。

◆環境報告書もしくはCSR報告書

持続可能な社会のために、企業が環境や社会などについて取り組んだ内容をまとめた報告書のこと。「持続可能性報告書」とも呼ばれる。発行企業のホームページ等で請求すれば無料で入手することが可能である。取り寄せて企業の環境への取り組みを確認してみよう。

❖環境にやさしい企業行動とは？

環境にやさしい企業行動には次のようなものが考えられる。

（1）環境マネジメントシステムであるISO14001（JIS14001）の取得
（2）環境への実践的取り組み（例、「二酸化炭素排出量削減」など）
（3）環境負荷データの積極的な公表
（4）従業員や消費者に対する環境教育の実施
（5）環境に対する社会貢献活動の実施（例、「チーム・マイナス六％の取り組み」、「リサイクル等の資源回収活動の支援」など）

環境省では、毎年「環境にやさしい企業行動調査」を実施し、ホームページにも公開している。二〇〇六年度の調査では、環境ビジネスについては、「既に事業展開をしている、又はサービス・商品等の提供を行っている」と回答した企業等が三九・七%となっており、環境ビジネスに対する関心の高さがうかがえるが、一方、今後の環境ビジネスの進展における問題点について、最も多いのが「消費者やユーザーの意識・関心がまだ低い」で五・九%であった。消費者の意識が高くなることによって企業の環境行動をさらに促進させる可能性を伺うことができる。

5　消費（生活）における環境配慮──資源──としてできること

アクションプラン20
資源の有効活用のための三R
（Reduce、Reuse、Recycle）に取り組もう

（1）資源を有効活用しよう

大量消費による資源の枯渇は、それに頼ってきた私たち消費者の生活を危ういものにしている。持続可能な社会を構築するためには、**物資的豊かさではなく、循環型社会のもとでのライフスタイルに転換する**必要がある。

環境省の「平成二〇年版環境・循環型社会白書」によれば、二〇〇六年度の家庭部門の二酸化炭素排出量は、基準年比三〇％増加している。エネルギーを大量に使う生活から、エネルギー資源を大切にする暮らしへの転換が求められている。

使い捨て社会に別れを告げ、資源を有効に使う循環型社会の構築は、消費（生活）の場面では、リデュース（ごみを減らす）、リユース（繰り返し使用する）、リサイクルという三つ（三R）の実践となる。

（2）ごみになるものを買わない・ごみを減らす（リデュース Reduce）

ごみを減らすリデュースは、特に経費がかからないすぐれた取り組みである。これにはごみになるようなものを買わないということとごみそのものを減らすことという二つの場合がある。
ごみの排出量は私たち消費者の暮らしが豊かになるにつれて増加し、最終処分場（埋立地）はパンク状態である。ごみ排出量の内訳は、前述の［表3―2］家庭ごみ中の容器包装廃棄物の割合（二〇〇五年度）で見たように、「かさばる容器包装ゴミ」が六〇・七九％と多く、容器包装ゴミへの対応が急務となっている。

ごみを減らすための方法には次のようなものがある。
（1）丈夫な商品をなるべく長く使用する
例、家電製品などの耐久消費財は、部品の保存が長く、修理体制の整っている企業の商品を選択する。使い捨て商品は、なるべく使わない。など。
（2）無駄にならないよう必要なものだけを購入する
（3）過剰包装を断る
最近包装を断る消費者が増えているように思われる。小売店でも支払いをする際に包装するかどうかを聞くことも多く、消費者も状況に応じてもらったり断ったりするなど使い分けているようだ。
（4）買い物にはエコバッグを使う

最近、エコバックがブームとなっているが、レジ袋をもらわない、あるいは過剰包装を断るという行動につながるものである。

図3-2 「環境マンガ　The ranking order of the 3Rs(2008/8/12)」
出典：JFAのホームページ、高月紘《たかつきひろし》氏作成

（3）繰り返し使用しよう（リユース Reuse）

一度使用して不要になったものをそのままの形でもう一度使うことをリユース（Reuse）という。不要になったがまだ使えるものを他の人に譲ったり売ったりして再び使う場合や、生産者や販売者が使用済み製品、部品、容器などを回収して修理したり洗浄してから、再び製品や部品、容器などとして使う場合がある。

私たちの家庭では、昔、衣服、道具、本などのリユースがごく自然に行われていた。家庭内、親戚、友達、近所の間でゆずりあって何度も活用されてきたのである。

最近では、バザー、フリーマーケット、リ

サイクルショップ、あるいは古本のチェーン店などがビジネスとして成功するなど新たなリユースが行われている。時代に合わせたリユースの方法を見つけたい。

◆リユースの代表例の牛乳びん

飲んだ後のびんを洗ってお店に戻せば、それらの牛乳びんは専門業者に回収され、洗浄・分類されて再び牛乳メーカーに戻され、殺菌処理された後、再び製品をつめて出荷される仕組みになっている。

このように、洗って何度も繰り返し使うことのできる瓶のことを「リターナブルびん」と言うが、ほかには、ビールびんや日本酒の一升びんがある。

（4）繰り返し使えないものは資源としてリサイクルしよう（リサイクル Recycle）

リサイクルの代表的な例として、古新聞の回収があるが、ダンボールや雑誌、牛乳パックなどを含め、古紙回収率は六六・一％（二〇〇三年度）（環境省）である。回収された古紙は製紙工場で、繊維に戻され、異物やごみ、インキが取り除かれ、さらに漂白されて再生紙となる。現在生産される紙全体に古紙が占める割合（古紙利用率）は六〇・二％（二〇〇三年度）（環境省）である。

表3-4 環境ラベル例

PETボトルリサイクル推奨マーク	グリーンマーク	500mlリターナブルびんマーク
PETボトル再生フレーク、ペレットまたはパウダーが25%以上原料として使用されている製品につけられるマーク。	古紙を一定以上の割合で原料に使用した紙製品に表示されるマーク。	販売店に返却して、繰り返して使うガラスびんのマーク。
牛乳パック再利用マーク	再生紙使用マーク	エコマーク
使用済み牛乳パックを再利用した商品のマーク。	再生紙の古紙配合率を表示するマーク。表記の数字は古紙の配合率を示す。	環境保全に役立つと認められた製品に表示されるマーク。

古紙のほかには缶やペットボトルもリサイクルされる。アルミ缶は地金に、スチール缶は鋼材に再生されて、それぞれ新たな金属製品に、ペットボトルからは卵パックや衣料のフリースなどが作られる。消費者がこれらのリサイクルに積極的に協力することで資源の有効活用ができる。

◆環境ラベル

国では環境のことを考えて作られた商品やサービスを積極的に利用してもらうための法律（グリーン購入法）を定めているが、こうした商品には目印として上の表のような「環境ラベル」がついている。このような環境ラベルをもとに環境への負荷ができるだけ少ない製品やサービスを選んで買う

（グリーン購入という）ことも資源の有効活用となる。

6　消費（生活）における環境配慮――省エネルギー――としてできること

アクションプラン21
購入・使用・廃棄の各場面で無駄なエネルギー利用を減らそう

枝廣淳子氏は『エネルギー危機からの脱出』（二〇〇八年、ソフトバンククリエイティブ株式会社）の中で、「有限の地球で、無限の物理的成長を続けようとして、地球の限界を超えてしまっていること」が問題であり、「地球が持続可能な形で供給できるエネルギー」を超えたとき、エネルギー不足という問題が生じ、「地球の二酸化炭素吸収源」の限界を超えたとき、地球温暖化という問題が起きる、と言う。

資源の乏しい日本では、エネルギー資源の大部分を輸入に頼っている。国際エネルギー機関の統計によると、日本のエネルギー自給率は二二%、主要先進国で最も低い水準にある。中でも、エネルギー全体に占める石油への依存度は五一%にのぼり、その八七%は日本から遠く二〇〇〇キロメートル離れた中東産油諸国から約二〇日間かけて海上輸送されているとのことである（ＥＩＣネット）。

エネルギー消費をセーブするために、現在、さまざまな方法が採られている。

（１）家電製品の購入・使用・廃棄について

ＥＩＣネットでは家電製品を中心にエネルギーをセーブする方法を提案している。

◆テレビの場合

・選ぶ時には、消費電力も基準の一つにする。

大きさが同じでも、消費電力の差は思った以上に大きい。省エネ性マークや省エネ基準達成率（%）、年間消費電力量（キロワット時／年）などの省エネ表示を参考にして選ぶとよい。家電製品の消費電力については、（財）省エネルギーセンターで情報の入手が可能だ。

◆省エネ表示―「省エネラベリング制度」とは?(E-Cネット)

省エネラベリング制度とは、家電製品が国の省エネルギー基準(目標値)をどれくらい達成しているかを表示するもので、平成一二年八月に同制度に関するJIS規格が公示された。省エネルギー法に基づく特定機器に指定されているテレビ、エアコン、照明器具、冷蔵庫(冷凍庫)が対象家電製品で、これらは一般家庭の消費電力の約六六%を占めるとの算出データもある。基準達成率の違いによって、オレンジ色(一〇〇%未満)と、緑色(同一〇〇%以上)の省エネ性マークがつけられ、一目で区別できるようにデザインされている。年間消費電力量は、省エネルギー法に基づいて、型やサイズや受信機の種類別の算定式によって、一般家庭での平均視聴時間(四・五時間)を基準に算定した値。

・製品を選ぶ時以外のエネルギーをセーブする方法

リモコンを使わないで電源を入れる、テレビは見ているときだけ電源を入れる、使い切ったあとは、収集・運搬やリサイクルのための費用といっしょに家電小売店などに引き渡して、リサイクルをするなどがある。

（2）暮らしの中の行動を見直す

前述の枝廣淳子氏の著書では、生活のレベルを落とさず、エネルギーを節約できる方法として、例えば「冷暖房」は「一枚脱ぐ」「一枚着る」ことで調整、「調理」は食材をできるだけ地元産や国産にする、「自動車の運転」は自転車や徒歩で行ける範囲を少しずつ広げるなどが提案されている。エネルギーを使いたいだけ使ってよかった時代の行動を見直すことを提案している。

また、白熱電球を電球型蛍光灯にする、家の外に木を植えたり、壁面緑化などの「緑のカーテン」を作ったり、さらには再生可能なエネルギーの利用を増やす、なども提案している。

（3）国民運動「チーム・マイナス六％」

現在、国では地球温暖化防止のための国民運動「チーム・マイナス六％」を提唱している。「チーム・マイナス六％」では、六つの具体的な温暖化防止の行動やクールビズ、ウォームビズなどを提唱しているほか、「めざせ！　一人、一日、一キログラムCO_2削減」キャンペーンとして、国民からの「私のチャレンジ宣言」の受付等を行っている。これは、平成二〇年四月末現在、約五九万九〇〇〇人の人がチャレンジ宣言を行っている。

◆チーム・マイナス六％（環境省）

京都議定書による我が国の温室効果ガス六％削減約束に向けて、国民一人ひとりがチームのように一丸となって地球温暖化防止に立ち向かうことをコンセプトに、平成一七年四月から政府が推進している国民運動。

六つの具体的な温暖化防止の行動

①Ａｃｔ１　温度調節で減らそう………冷房は二八℃、暖房時の室温は二〇℃にしよう
②Ａｃｔ２　水道の使い方で減らそう……蛇口はこまめにしめよう
③Ａｃｔ３　自動車の使い方で減らそう…エコドライブをしよう
④Ａｃｔ４　商品の選び方で減らそう……エコ製品を選んで買おう
⑤Ａｃｔ５　買い物とゴミで減らそう……過剰包装を断ろう
⑥Ａｃｔ６　電気の使い方で減らそう……コンセントからこまめに抜こう

7　廃棄における環境配慮としてできること

アクションプラン22
捨てるしかないものは環境を汚さないようにルールに従って処分しよう

私たちの家庭から出されるごみの量は、平均すると一人一日当たり一キログラム程である。新聞・雑誌・ティッシュペーパーの箱・ダンボールなどの紙類、カバーや袋などのビニール類、缶やびん、ペットボトル、トレイ・容器などのプラスチック類、台所から出される生ごみ、油類、さらに乾電池や布類まで種々雑多なものが捨てられている。

これらのごみを出すに当たっては、二つのルールに注意が必要だ。

【第一のルール】

ごみを分別して出すことである。地域には「ごみの集積所」、スーパーやコンビニの店先、飲物の自動販売機の横、あるいは役所などの公共機関において資源を回収できるようになっている。これらは資源としてリサイクルできるものは利用するためのものである。

【第二のルール】

どうしても捨てるしかないものは環境を汚さないように自治体ごとに決められた方法に従って処分するということである。

ごみの収集と処理は主に市区町村の仕事だが、地域に暮らす住民の一人ひとりがルールを守って分別し、決まった日時と場所に出すという協力がなければうまく機能しない。

8　一人のエコアクションから協働のエコアクションへ

アクションプラン23
地域、ネットワークなどに参加して協働して取り組もう

(1) 行動も知恵も友人・知人に広めよう

一人の行動は一人で行っている限り、大きな成果は望めない。友人・知人にあなたのエコアクションを広めてみよう。

これから少し環境を意識して行動する初心者のエコアクションはかなり勇気がいる。そこであなたのエコアクションをマイブームに留めず、みんなのブームにすれば、自分のライフスタイルを実践しやすくなるばかりではなく、大勢に広まって効果が高まるという一石二鳥の結果になる。さっそく家族から、そして友人・知人へと広めてみよう。さらに情報を発信

することで他の知恵や方法も得られかもしれない。

(2) ネットワークを作ろう

取り組みをさらに普及させるために、ネットワークを作って実践するという方法もある。内閣府のホームページには「NPOポータルサイト」があり、「環境の保全を図る活動」で検索すると九四六九件(〇八・九・二七現在)もヒットした。その一つを紹介する。

◆グリーン購入ネットワーク(GNP)

グリーン購入ネットワーク(GNP)は、環境保全型製品に関する情報を発信し、購入ノウハウを広げることを目的に、グリーン購入を推進する幅広いネットワークとして一九九六年二月に設立した非営利の組織である。

グリーン購入普及ツールの作成、グリーン購入を促進する環境コミュニケーションに優れた団体を表彰するなどの活動を行っている。

(3) 協働して取り組もう

取り組みを個人レベルに留めるのではなく、社会全体で取り組む方法として、自治体や企業と消費者が協働して課題解決に取り組むという方法が最近注目されている。

①レジ袋における取り組み例

一人のエコアクションを多くの人に広めるだけではなく、もっとシステマチックに取り組む方法として、事業者、自治体、消費者が協働して取り組むという方法がある。顕著な協働の取り組みとして、レジ袋の例を見てみよう。

❖イオンの場合

イオンは、二〇〇八年三月一五日、レジ袋無料配布を一二年度までに全国の約一〇〇〇店舗で中止と発表した（朝日新聞〇八・三・一五、日経新聞〇八・三・一五）。

イオンでは、持続可能な社会を実現するために地球温暖化をもたらす主たる原因であるCO_2の排出削減目標について、国内小売業で初めて、具体的数値を定めた「イオン温暖化防止宣言」を策定した。そこでは、レジ袋に関しては次のような内容を定めている。

- CO_2排出削減目標として、二〇一二年度までにCO_2排出総量を二〇〇六年度比で三〇％削減。

・全国のレジ袋平均辞退率目標八〇%を達成するために、レジ袋無料配布中止の店舗を全国約一〇〇〇店舗で実施。

②環境省「我が家の環境大臣」

我が家の環境大臣とは、環境にやさしい行動を心がけて生活を送る家庭（エコファミリー）を支援する環境省の事業で、環境省では、地球温暖化を防止するための一人ひとりの行動を大きな力にするため、エコファミリーの登録を進めている。

環境省では、エコファミリーウェブサイトを通じて、楽しくエコライフを送るための情報やアイデアの紹介、環境にやさしい行動をできたかどうかのチェック、記録、全国のエコファミリーとのアイデア交換などの、参加型コンテンツを作成している。その中の環境家計簿を紹介する。

❖環境家計簿（えこ帳）

毎月の領収証の値を入力することにより、「今月の我が家のエネルギー使用量」と、それに伴う「二酸化炭素排出量」を記録していくことができるほか、エコファミリーの平均値と比較・評価もできるようになっている。ファミリーで話し合って目標を立て、実践し、振り返って、さらに取り組みを進めていく仕組みである。

③企業の環境貢献活動への参加

非常に多種多様なものがあるが、賛同できるものであれば、協働で環境貢献活動に参加することができるものもたくさんある。その中の一つであるグリーン電力基金を紹介しよう。

❖グリーン電力基金

「グリーン電力基金」とは、自然エネルギー普及のための応援基金で、CO_2の排出抑制など環境保全への貢献をご希望の人たちからの寄付金と、電力会社からの寄付金を、東京電力の場合は、ＧＩＡＣ（財団法人・広域関東圏産業活性化センター）が受け入れ、太陽光発電や風力発電等の自然エネルギー発電設備へ助成金として配分するものである。

④避けることができない二酸化炭素の排出対策への行動

日常生活や経済活動において避けることができないCO_2等の温室効果ガスの排出量に見合った温室効果ガスの削減活動に投資すること等により、排出される温室効果ガスを埋め合わせるという考え方、「カーボン・オフセット」がある。イギリスを初めとした欧州、米国等での取り組みが活発であり、我が国でも民間での取り組みが始まりつつある。

企業に限らず、消費者個人が自主的に参加できるのが特長で、日本国内では、ヒノキを育てるための一〇〇〇円一口または五〇〇〇円一口の「カーボンオフセット募金」や、CO_2削減プロジェクト支援を目的に五円の寄付金を付加した「カーボンオフセット年賀」などが展開されている。

だが、オフセットが自ら排出削減をしないことの正当化に利用されると効果が期待できないことから、まずCO_2等の温室効果ガスの排出抑制に努力するかどうかが重要となる。

(4) 環境教育は社会全体で

地球温暖化や廃棄物問題など、現在の環境問題を解決し、持続可能な社会を作っていくためには、環境保全活動に取り組む人たちの環境意識や意欲がカギとなる。意識や意欲を高め、環境保全を推進していく人への環境教育については、対象者(学校、事業者内など)、環境情報、教育方法(体験学習など)、指導者情報(環境カウンセラー、省エネルギー普及指導員、自然体験活動指導者など)など環境教育を行ううえで必要な内容が国やNPO/NGOなどを中心に充実してきている。また、「環境の保全のための意欲の増進及び環境教育の推進に関する法律」が二〇〇三年に制定されている。

学校や企業などさまざまな場所での環境教育の充実は、持続可能な社会に向けての大きな推進力となるに違いない。

あなたが環境教育の指導者となって活動すればそれも一つのアクションである。

◆ESD（持続可能な開発のための教育）

ESDは、Education for Sustainable Developmentの略称である。二〇〇二年のヨハネスブルグサミットで日本が提案し、「国連ESDの一〇年」（二〇〇五年〜二〇一四年）が国連で採択された。日本では、この一〇年の初期段階の重点的取り組み事項は、(1)普及啓発、(2)地域における実践、(3)高等教育機関における取り組みを指定している。

ESDに取り組む、NGO／NPO・教育関連機関・自治体・企業・メディアなどの組織や個人がつながり、国内外におけるESD推進のための政策提言、ネットワークづくり、情報発信を行うESD―Jというネットワークもある。

なお、第4章「もっと木を植えよう」にも協働の例として、「京都モデルフォレスト協会」の市民・企業・行政が協働した地域環境づくりがあげられているので参照してほしい。

9　最後に――消費者の責任

私たちはどのような商品・サービスを購入するか、あるいはどのようなライフスタイルをするかは、基本的には自由な世界に生きている。有限な資源・地球であるとしても……。しかし、経済的自由としての個人・消費者の自由のもとに進められる私たちの生活が環境悪化を招いている。

世界の他の地域の人々の暮らしを思い、未来の子どもたちの暮らしを思い、地球上にともに生きている生物や植物などを思い、私たちの消費行動がもたらす影響を考え、自分でできるアクションを一歩ずつ始めていくことが、今私たち消費者に強く求められている。

（古谷　由紀子）

第4章

もっと木を植えよう

1　植物と人間

(1) 生態系から見る——植物は生産者、人間は消費者

地球の誕生は四六億年前と言われている。地球の生命の歴史から見ると、およそ五〇〇万年前にヒトの祖先がアフリカに誕生、現代の人間であるホモ・サピエンスの出現から五〇万年、人類が文明を築いてから、一万年しか経過していない。地球上の生物は全て森の中で生活をしてきた。世界の文明は森の中から発達してきた。文明は、人類が森を利用し破壊することにより築き上げられてきたが、森が破壊し尽くされることにより、都市は衰退し、疫病はやり、その文明は滅びて「遺跡」として現在に残っているだけである。

この地球上には、微生物、植物、動物が生存し、生物圏を構成している。生物圏は大気圏と水圏との接点である地圏に貼り付いている。地球の表面の七〇%は水圏であり、残された三〇%の陸地に微生物群、植物群、動物群が生存している。植物と動物は、「炭素循環」や「食物連鎖」を通じて生態系の維持の中核を構成している。植物は光合成によって大気中に酸素を放出するとともに炭酸ガスを固定し、大気中の炭酸ガスの量的なバランスを維持する

「炭素循環」（カーボンサイクル）を通して生態系の維持に絶大な貢献をしている。また、植物は太陽光からエネルギーを取り込み、これを動物が食し、その遺体や排泄物などが微生物により利用され、さらにこれを食べる生物が存在するという、いわゆる「食物連鎖」においても根源的な役割を果たしている。動物の活動のエネルギーは、元をたどれば植物の光合成によって合成されたものに依存しているわけである。生態系は、生産者、消費者、分解者に区分される。「地球上の真の生産者は誰か？」と問われれば、「地球上の生物圏での本当の生産者は植物であり、人間は消費者の立場で生かされているのである」というのが正しい答である。

植物は地圏の水循環にも深く関係している。陸上の植物は土中から水分を吸い上げ、一部を大気中に蒸発させている。特に、多層群落の森林は、降水の地表への流出を緩和させている。熱帯樹林帯の伐採後に起こる荒原裸地化は、鉄砲水や洪水などの原因になっている。生態系の本質、生物圏の循環の仕組みを正確に理解し、我々人間は生態系の中で消費者の立場でしか持続的に生存できないという厳然たる事実、立場を理解しなければならない。

（2）植物を大切にしてきた日本民族

日本列島は亜熱帯から寒帯にかけて分布し、その気候風土は植物の生育に最適である。適度な温度、豊かな水、十分な日照、適度な水分・養分を保有する土壌、そして大気。日本はこれらの条件のいずれにも恵まれているので、植物の種類も量も多く、植物の恩恵を大きく受けてきた。日本人の生活は大昔から植物への依存度が極めて高かった。植物への依存は、野山の自然から食糧や生活必需品を得ていた時代に始まり、時代が進んで稲作・畑作による食糧確保ができて家畜を飼うようになっても、食糧はもとより、木造の家屋や建築物、麻・綿などの衣料、家畜の飼料、田畑の肥料、薪や炭などの燃料、木造の家具・道具、薬品、履き物、紙、等々数え切れないほどの用途に植物を利用してきた。そして我々の生活は現在もいろいろな面で植物に大きく依存している。

物質的な面ばかりでなく、植物は地表を覆って土壌の保水力を高め、また、降水を一時的に枝葉や下草に蓄えて洪水を防ぐ。防風林、砂防林、水源林などの用途に応じて役割を果たす。地域の暑さや寒さを調節する。そして、近時特に注目を集めている光合成による炭酸ガスの吸収と固定、等で植物は環境保全に大きく貢献している。

さらに、植物は人類の精神面にも大きな影響を与えている。誰しも山や森林の緑を見て心が安らぐのは、森の暮らしから人類が出発したことと関係があると思われる。木や花を愛する心は世界共通であるが、日本人は世界で最も草木や花を愛する民族の一つだと思われる。日本人は昔から木や草から困難に耐えて生き延びる忍耐強さを学ぶとともに、一木一草にも神仏が宿るとして自然に畏敬の念を持ち、生きものの命を大切にしてきた。

(3) 植物は地球温暖化防止のエース

植物は光合成を行って空気中の二酸化炭素CO_2と水から炭水化物(糖類)を合成し、酸素O_2を放出する。光合成を行うのは主に陸上の緑色植物と水中の植物プランクトンや藻類である。緑色植物の光合成は葉で行われる(図4―1)。二酸化炭素や酸素は、葉の裏側の気孔から吸収・排出される。

また、一方で植物は、酸素を吸収し、二酸化炭素を出す呼吸も行っている。植物は太陽の当たる昼間に光合成と呼吸を行い、夜は呼吸だけして大きく生長していく。植物が吸収する二酸化炭素は光合成のために使用される分と呼吸で排出される分との差ということになる。生長期にある植物は二酸化炭素の吸収量が多い。また、植物の種類によって二酸化炭素の蓄積(固定)量は異なるが、日本の森林ではスギ林が固定能力が高い。植物に蓄積された炭素

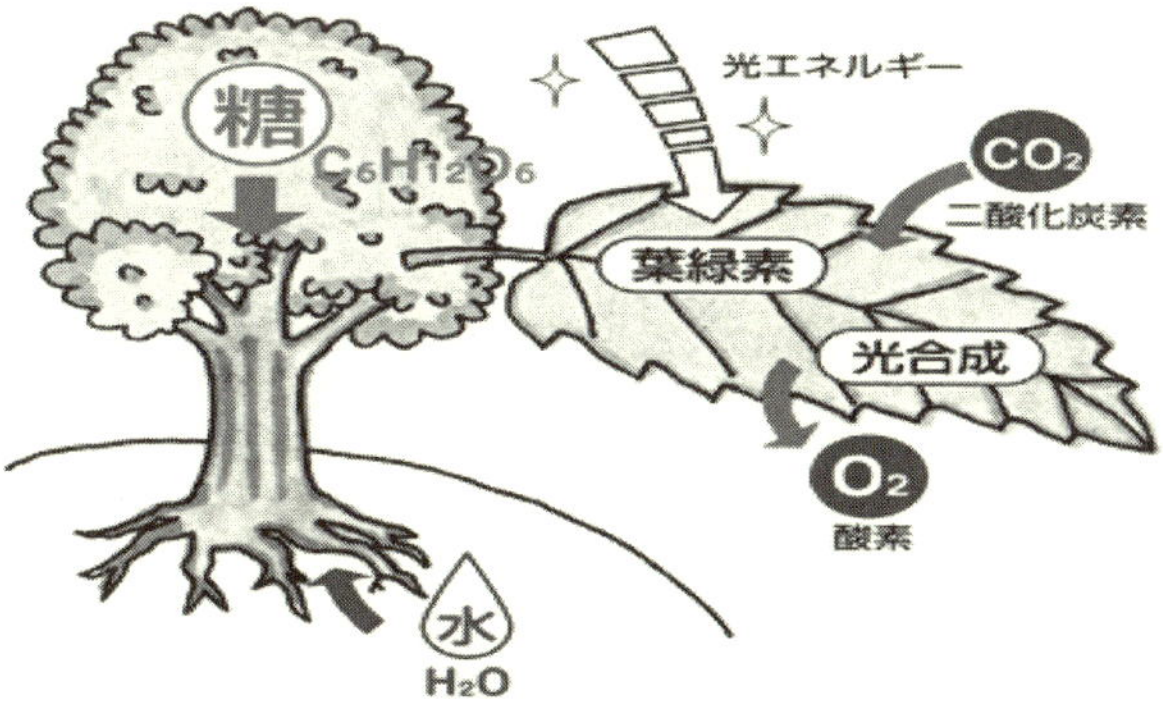

二酸化炭素 ＋ 水 ＋ 光エネルギー ⟶ 糖 ＋ 酸素 ＋ 水
$6CO_2$ 　 $12H_2O$ 　 $C_6H_{12}O_6$ 　 $6O_2$ 　 $6H_2O$

図4-1　光合成の仕組み
出典：森林・林業学習館ホームページ

は植物が腐敗したり燃やされたりすれば二酸化炭素として大気中に戻って行く。

炭素循環（カーボンサイクル）という表現がある。地球上の生物圏、岩石圏、水圏、大気圏の間を炭素が生化学的な反応で循環する状態を言う。植物はいわば炭素の保管庫（リザーバー）となっている。陸上での保管場所は樹木であり、海洋では植物プランクトンや藻類である。地球温暖化が人類の生存に関わる重大な問題として取り上げられて以来、植物の炭素保管能力が大きく脚光を浴びるようになった。しかし、発展途上国の工業化の拡大や自動車等の急速な普及により、炭酸ガスの排出は増加する一方であるのに、それを吸収固定する森林は世界的に減少を続けている。自然界における炭素循環ではバランスが取れなくなって来ており、温暖化が種々の災害をもたらすのはもう時間の問題であるとの認識が高まっている。

この問題を解決するためには植物の炭素固定能力を高める科学技術の発展が必要である。いろいろな分野でその試みが続けられている。光化学の新技術について最近、報道された事例等を紹介する。

①「緑色植物の遺伝子組み換えにより二酸化炭素の吸収を三割増強」

日大研究チームは陸上植物が進化の過程で失った異種のタンパク質を藻類のノリから抽出し、その遺伝子をシロイヌナズナに組み込み、そこから採取した種子と、通常の種子をそれぞれ栽培して、発芽六〇日後に比較した。光合成で作られるデンプン量が、前者では約二割（炭酸ガスの吸収は三割）増えたという。

（毎日新聞二〇〇七・七・一〇、日本経済新聞二〇〇七・七・一〇）

②「遺伝子組み換えポプラの植林で一〇〇億トンの二酸化炭素吸収を」

日立市森林総合研究所では最新技術を駆使した植林技術によって、地球上の陸地の約三割を占める荒廃地（森林伐採地、乾燥地帯、塩害地）四一〇八万平方キロメートルの一三％

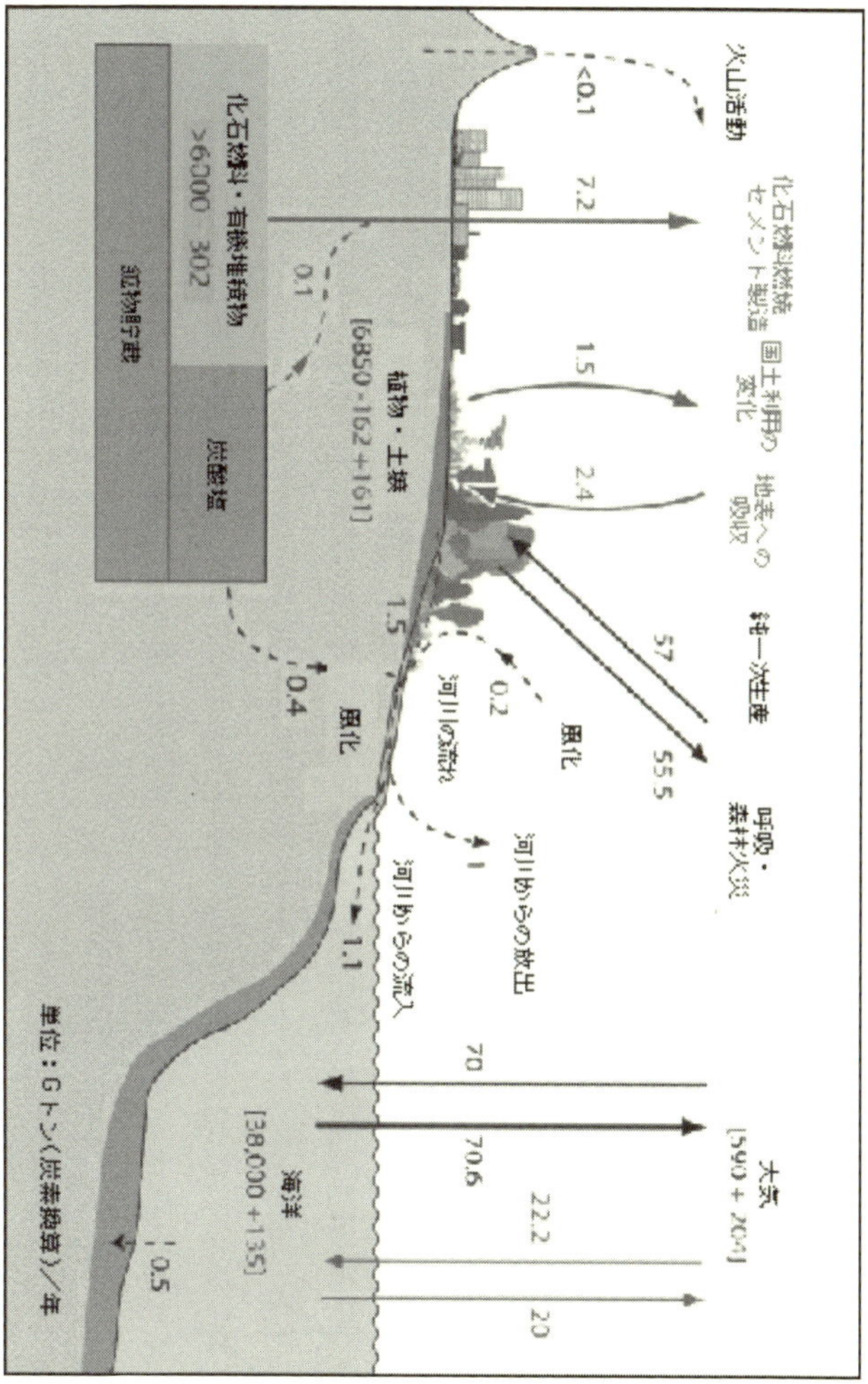

図4-2　炭素循環
出典：平成19年版図で見る環境／循環白書

が植林可能になると見ている。同研究所では遺伝子組み換えポプラに改良を重ねていけば、二〇三〇年頃には最大で一〇〇億トンのCO_2吸収ができると見込んでいる（全世界で消費される化石燃料で発生するCO_2量に匹敵）。

（日本経済新聞二〇〇八・三・三〇）

③「あらゆる水域に近赤外線でも光合成できる葉緑素クロロフィルｄ」

葉緑素のうち通常の光合成では利用されない近赤外線を吸収する「クロロフィルｄ」が、地球上のあらゆる水域に分布することを海洋開発機構・京大チームが発見した。水域での「近赤外線でも光合成が可能」となれば、CO_2吸収量は年一〇億トン程度（炭素換算）という。これは大気中の年間CO_2増加量の約四分の一に当たる。

（朝日新聞二〇〇八・八・一、日本経済新聞夕刊二〇〇八・八・一）

④「海藻による炭酸ガスの固定増進」

四日市大学松永勝彦教授はコンブなどの海藻に鉄分を供給すると格段に生育がよくなることを鉄鋼スラグと堆肥を混合した団子を使って実証した。海藻の生長は速く日本沿岸で海藻の大規模な養殖に取り組めばCO_2の固定に大きな効果を上げると期待されている。

（畠山重篤著『鉄が地球温暖化を防ぐ』文藝春秋、二〇〇八年）

植物に関する科学技術の進歩が環境問題の切り札となると期待されている。

2　植物を取りまく環境の悪化

アクションプラン24

森林認証FSCを受けた木材を使おう

(1) 減少を続ける世界の天然林

人間が農耕を始める前の地球には六〇〜七〇億ヘクタールの森林があったが、今では植林による二億ヘクタールを含めても三九億ヘクタールしかないと専門家は推定している。世界の天然林はどんどん減少しているが、その減少の半分以上は一九五〇年以降のわずか五〇年間に起きたものである。アマゾン、カナダ、ロシア、東南アジアなどにまとまって存在する天然林は今や一二〜一三億ヘクタールしかない。保護区などとして公式に保護されている森林は世界で三億ヘクタールしかなく、それも実際には密かに伐採が行われているところが多い。熱帯林は無秩序な焼畑農業、自然の再生能力を超えた放牧、商業目的の無制限の伐採などで、大幅な減少を続けている。二〇〇五年のＦＡＯ（国連食糧農業機関 Food and Agriculture Organization）の評価によると二〇〇〇年から二〇〇五年までの五年間では年間平均一二九〇万ヘクタールの森林が消失している。それにより土壌の不毛化や土地の砂漠化が進んでいる。一方で、植林や放置によって五六〇万ヘクタールの森林が回復している。差し引き七三〇万ヘクタールの森林が毎年消失していることになるが、伐採された森林や山火事で焼失した森林は、用途変更をしない限り引き続き森林として分類されているので、これらの消失の数字には含まれていない。さらに過小申告等を考慮すると、実際には年間一〇〇〇万ヘクタールから一五〇〇万ヘクタールの森林消失速度と見られている。今後の人口増加や木材産業の成長によって、この消失速度は途上国を中心に飛躍的に加速すると見られている。特に熱帯林は焼畑農業、農地宅地開発、乱伐等によってあと一〇〇年もしないうちに消失するとの予測もある。地表の七％にしかすぎない熱帯林には地球上の「種」のおよそ五〇％が生育していると言われる。熱帯林の消失は種の存続にとっても重大な問題である。

違法伐採防止のために、森林管理が基準に適合しているかを独立した第三者機関が評価・認証する森林認証制度がある。世界中全ての森林を対象として実施しているものとしてはＦ

ＳＣ（Forest Stewardship Council 森林管理協議会）があり、認証を受けた森林からの木材はＦＳＣマークをつけて出荷することができる。既に三〇〇〇万ヘクタール以上の森林が認証を受けているが、これをさらに拡大して世界中の森林を正しく管理していくことが天然林の保護、ひいては人類の未来のために大切である。ＦＳＣマークのついた木材を積極的に使用したいものである。

アクションプラン25
森林保護をさらに進めよう

アクションプラン26
国産の木材／製品を活用しよう

（2）日本の林業の衰退

二〇〇五年のＦＡＯのデータによれば、日本の森林面積は約二五〇〇万ヘクタールで、森林率（国土面積に対する森林面積の割合）は六八・二％とフィンランドに次いで世界六〇カ国中第二位である（表４―１）。西暦一五〇〇年頃の日本の森林率は七〇％程度であったと

表4-1　世界の森林面積と森林率

国名	土地面積 千ha	森林面積 千ha	人工林面積 千ha	森林率 %	順位（注）	一人当たり森林面積 ha
フィンランド	30,459	22,500	0	73.9	1	4.3
日本	36,450	24,868	10,321	68.2	2	0.2
スウェーデン	41,162	27,528	667	66.9	3	3.1
マレーシア	32,855	20,890	1,573	63.6	4	0.8
ブラジル	845,942	477,698	5,384	57.2	9	2.7
米国	915,896	303,089	17,061	33.1	30	1.0
フランス	55,010	15,554	1,968	28.3	40	0.3
英国	24,088	2,845	1,924	11.8	53	0
世界計	13,067,421	3,952,025	139,772	30.3		0.6

出典：FAO［The Global Forest Resources Assessment 2005］より作成
（注）60カ国中の森林率順位

推定されていることからすれば、江戸時代や明治から戦後までの乱伐や土地開発等で一時は五〇％程度にまで減少した森林が、この五〇年ほどの緑化政策で回復したと見てよいと思われる。しかし、全て天然林であった一五〇〇年頃とは植生の内容は大きく変わって人工林面積が大きくなり、森林面積に対する人工林比率ではフィンランド〇％に対し日本は四一・五％で世界のトップクラスである。

日本の森林面積は世界第二位なのに日本の林業は衰退している。その理由は木材輸入の完全自由化（一九六四年、輸入関税ゼロ）によって低価格の輸入材が大量に入って来た結果、国産材の価格が大幅に下落して、林業経営の採算が悪化し林業従事者が激減したことによる。二〇〇六年の日本の木材国内総需要量は八六七九万立方メートルであるが、一九五五年には九五％であった木材自給率は二〇〇〇年には一八・二％にまで低下した。東南アジア諸国の原木輸出制限などにより輸入の伸びは歯止めがかかり二〇〇六年には自給率は二〇％に回復しているが、それでも八割が輸入である実態は大きくは変わっていない。国内需要が爆発的に拡大している中国はロシア、マレーシア、アフリカ等から日本の木材総輸入量をはるかに上回る木材を輸入している。中国やインドなどでの木材需要が今後大幅に拡大すれば、日本の輸入は製紙業界が海外で産業植林をしてそこで生産したチップを輸入するような場合を除けば、輸入価格が大幅に上昇したり、数量を確保できなくなる恐れが出てくる。

林業従事者の減少によって枝打ちや間伐などの手入れが十分できなくなったため、森林は荒廃し従来のような木材の生産はできなくなっている。特に戦後の大造林計画により次々と作られたスギ、ヒノキなどの人工林は、間伐や枝打ちなどの整備・保全を計画的に実施しないと、樹木の生育が阻害され木材として活用できなくなる。それだけでなく、下層の植生が消滅して生態系が損害を受けることも指摘されている。森林率が高いといっても森林を持続的に活用できなくては意味が薄い。森林の伐採は自然が再生できる範囲内であればむしろ定期的に行うことが望ましいのである。二〇〇八年五月に制定された「間伐等促進法」によって間伐に対する補助金等の支援がなされるようになったので、森林の管理が改善されるものと期待されている。

木材の輸入が思うようにできなくなる場合に備えて、日本の森林の保全に一層力を入れていく必要があるが、そのためには日本の木材製品や木工品の活用を積極的に推進していくことが重要である。国産品への需要が高まれば、林業へ人がまた戻ってくる。木材の用途は限りなくあり、石油製品であるプラスチックに置き換えられていた用途も環境問題への配慮から木材に戻りつつある。木材の温かみが再評価されてきた面もある。何といっても日本の気候に一番適しているのは国産の木材であるし、端材や間伐材をうまく利用した製品も多数作られている。間伐材やおが屑・カンナ屑などの製材副産物も木質ペレット（ペレットストーブやペレットボイラー用の固形燃料）の原料として各地で活用されている。

アクションプラン27
生態系に配慮した緑化計画を推進しよう

(3) 生態系への配慮が少ない日本の緑化

アラスカを除く北米では、もともと国土を覆っていた原生林の九五%が姿を消していると言われる。欧州でも原生林はほとんど残っていない。(中国も森林の四分の三を失い、今や原生林はほとんどないと言われている。)それでも欧米の大都市には緑が豊かで自然が身近にあると感じさせる都市が少なくない。広い通りの立派な街路樹の並木だけでなく、大きな緑地や樹林がすぐ行けるところにある。ニューヨークのセントラルパーク、ロンドンのハイドパーク、ベルリンのグリューネバルトなどがその代表的な例だが、多くの都市で都会の中の緑は重要視され、地元の人も観光客も大いに街なかの自然を楽しんでいる。米国の諸都市では周辺に広大な森林保護区域(フォーレスト・プリザーブ)を設けている。そして国立公園などでは多数のレンジャーが生態系を重視した自然の保全に当たっている。

見た目を美しくする日本の緑化計画と違って、欧米の緑化はその地域の動植物の生態系保全に重点を置いている。緑地同士がつながりを持つように設計されている。ドイツなどで広く作られているビオトープ・ネットワークは、自然のつながりを生かした都市や町作りの概念であるが、そこに存在する生態系の保全に最大の配慮がなされている。ドイツでは、一九七六年に制定された自然保護法により、政府・企業・市民が協力して森林や池などの自然環境を整備し、生物が生活しやすい環境を作って、生物多様性を保全することが求められている。そのような生物生息空間を「ビオトープ」と呼んでいる。自然は細菌やプランクトンからそこに生育する植物、動物まで全てを含めた生態系により成り立っている。孤立した自然はその構成要素が失われ縮小を続けて、やがて消滅してしまう。だから公園や緑地や農業用地を緑の回廊で結んで自然同士のつながりを保てるようにしておくことは極めて重要である。日本でも一九九〇年代から、自然観察や自然とのふれあいの機会を子供たちに与える目的のもとに学校教育の中でビオトープ作りが手がけられるようになったが、地域の緑化計画にはビオトープのような生態系への配慮がほとんどなされていない。

緑化計画は「見るため見せるため」でなく、公園や緑地や農業用地を相互に関連付けて生態系を保全し、自然と人間との共存共栄を図ることが大切である。そのためのグランドデザインを決めるに当たっては、一〇〇年といった長期的な視点を持たねばならない。生物学や環境学の専門家や環境NGO／NPOの意見も十分に取り入れることと、そのグランドデザインの実施だけでなく、その計画の維持と改善のシステムを作り上げて、それを実施することが必要である。

アクションプラン28
土地の在来植物を優先して植えよう

（４）失われつつある植物の多様性

大気圏の中でも熱帯雨林帯には、生物種の半数以上が生息していると言われている。また、大気中に含まれる酸素の四〇％は熱帯雨林帯から供給されたものと見られている。問題は熱帯雨林が、二〇世紀に入って以降、伐採や農地開発による環境破壊が進んだために、急速に荒廃し、減少・劣化してきていることである。熱帯雨林は、かつて地表の一四％を覆っていたとされるが、現在は六％にまで減少し、このままでは、二一世紀中頃までには地球上から消滅すると予測されている。

このように地球から生物の多様性がどんどん失われていることについて世界の関心が集まってきている。海洋汚染や森林破壊で絶滅する生物は年間一万五〇〇〇種～五万種になると言われる。一度絶滅した種は二度と復活することはできない。遺伝子が消滅してしまうからである。多様性が重要なのは環境の急激な変化に対応しやすいからである。一種類の種しか存在しないと、それが変化に適応できず滅亡してしまった場合には、それに依存していた種も滅亡してしまう。種が多様であれば滅亡のリスクが軽減される。多様な種を持っていれば農業技術やバイオ技術を活用して種を大量に生産させたり増殖させたりもできるし、改良種を作り出していくことも可能である。種子ビジネスはもちろん、食品、医薬品、染料、燃料、装飾品などいろいろな分野でビジネスチャンスも生まれる。地球の全生物種の六～七割はブラジル、コロンビア、インドネシア、中国、マダガスカルなどに集中している。

大切なことは地域の在来種の生物のＤＮＡを保全していくことと、その地域の生態系を持続させていくための連関のある自然を保っていくことである。資源としての種を豊富に持つ国と持たざる国の格差は大きいので、自国で保有している独自の種、野生の在来種を大切にして生物多様性を保全していかなければならない。在来種が外来種と交雑して純粋性を失ったり、外来種に駆逐されてしまえば元も子もなくなってしまう。一度絶滅した種はＤＮＡが失われてしまうので二度と復活することはできないのである。在来種は天敵のいない外来種に駆逐されやすい。過去に日本は外来種の侵入については厳しい防御策をしてこなかったので、外来種であるアメリカザリガニ、食用ガエル、オオマツヨイグサ、セイタカアワダチソウ、などが全国に伝播して在来種を絶滅させたり、在来種の存続を脅かしている。近時、不心得者が琵琶湖に放流したブラックバスが繁殖しすぎて在来種のニゴロブナやホンモロコが絶滅寸前となっているのは、残念なことである。

生物多様性条約（第１章１（３）参照）には日本を含む一八八カ国と欧州連合（ＥＵ）が加盟しているが、前述の種資源の集中している国が大きな発言力を持っている。対応の出遅れた日本は不利な立場に立っているが、環境省が「生物多様性国家戦略」を策定して生物多様性の保全と持続可能な利用にかかわる政府の施策の体系的なとりまとめを図っている。雑草であれ何であれ将来は新しい効果や用途の発見される可能性があるので、野生の在来種を大切にして生物多様性を保持していくことが重要視されている。

アクションプラン29
一枚いちまい、紙を大切に使おう

(5) 伸びつづける世界の紙の需要

日本は世界第三位の紙消費国である。年間三一五〇万トンの紙・板紙を消費している。国としての紙消費量は米国、中国に次いで第三位だが、二〇〇五年の一人当たり年間消費量は二四六・八キログラムで世界第六位である。「紙の消費量はその国の文化のバロメーター」と言うが、消費量の多い国は先進国がほとんどである。第四位の米国は一人当たり三〇一キログラムの消費量であるが、頼みもしないのに届くダイレクトメールは各家庭平均で年間

表 4-2　世界の紙・パルプ生産量（紙・板紙）〈2006 年〉

千トン

アメリカ	84,073	22.0%
中国	65,000	17.0%
日本	31,106	8.1%
ドイツ	22,655	5.9%
カナダ	18,170	4.7%
フィンランド	14,151	3.7%
スウェーデン	12,066	3.2%
韓国	10,703	2.8%
イタリア	10,009	2.6%
フランス	10,006	2.6%
計	277,939	72.6%
その他	104,767	27.4%
世界合計	382,706	100.0%

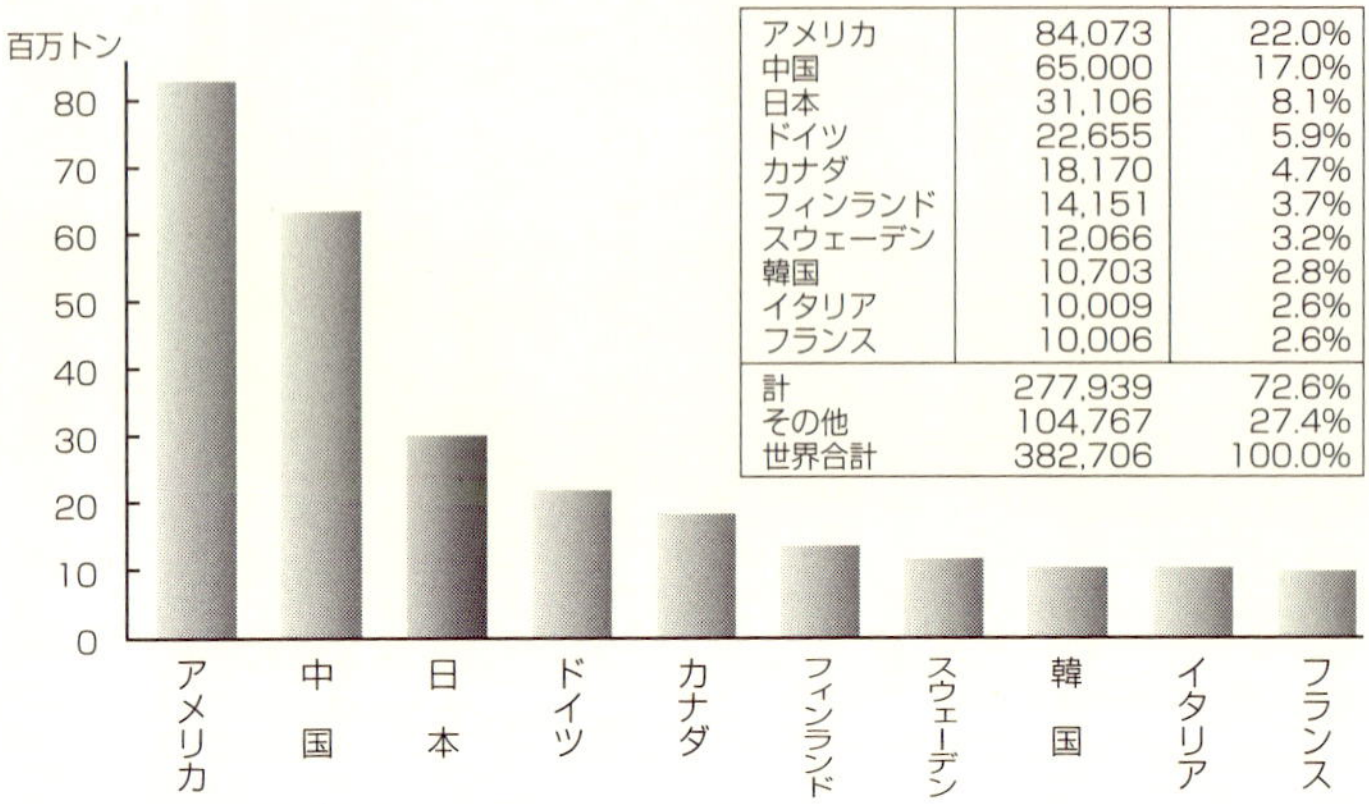

出典：日本製紙連合会ホームページ

五五〇通にもなるという。そのほとんどが開封もされずに捨てられるというからまことに資源の無駄遣いと言わざるを得ない。一人当たりの紙消費量の世界平均は五六キログラムであるから、日本はその四倍以上の消費をしていることになる。近年、国としての紙消費量が大きく伸びている中国は、一人当たりの消費量は四五キログラムと世界平均に達していない。しかし、これから経済発展に伴って一般需要が増えて、一人当たりの紙の消費量が仮に日本と同程度の水準になると仮定すれば、中国一国だけで現在の世界の紙の総生産量の六割を必要とすることになる。さらに現在一人当たり七キログラムしか消費していないインドの紙需要も将来は爆発的に拡大する恐れがある。

紙はリサイクル可能なので古紙として回収される。日本の古紙回収率は七〇・九％、古紙利用率は六〇・四％（いずれも二〇〇六年）と世界でもトップクラスの高さである。回収された古紙はリサイクルに回され製紙原料となったり、輸出されたりする。古紙輸出はほとんどが東南アジア向けであるが、輸出の八〇％以上が国内需要の急増している中国向けである。日本の古紙利用率は高いとはいえ六〇％程度であり、オランダの九六％、あるいは韓国の八〇％に比べればまだまだ利用率を上げる余地があると言える。

日本の文化レベルが上がったかどうかは別として、いたるところに紙が氾濫している。書籍・新聞・雑誌はもとより駅や街頭で配られる広告チラシや無料誌、ダイレクトメール、包装紙、ダンボール箱、等々、十分利用されずに捨てられる紙は非常に多い。オフィスでコンピューターが普及しはじめた頃は、やがて紙は大幅に減るだろうと期待されたが、以前より紙の使用量が増えたというのが実態であろう。コピー機やプリンターの性能が上がって簡単に多数のコピーが作れるようになったことがそれに拍車をかけている。オフィスでは不要なコピーを極力減らすとともに両面コピーを原則とすると紙の使用量はかなり減るはずである。家庭では紙の徹底利用を心がければまだまだできることがある。日本の昔からの美風「もったいない」を大いに発揮して紙を徹底的に利用してからリサイクルに回すようにすれば、世界の森林の減少を少し食い止めることができる。

アクションプラン30
食糧や飼料をバイオ燃料に使わないようにしよう

(6) 森林を減少させるバイオ燃料

バイオ燃料とは生物資源を原料にして作る燃料のことであるが、バイオ燃料の普及に力を入れている米国やブラジルでは森林を伐採してバイオ燃料用のサトウキビやトウモロコシの畑がどんどん作られている。消失しつつある森林面積をさらに減らすことになり、地球環境をさらに悪化させている。バイオ燃料も燃えるとCO_2を出すことは化石燃料と同じであるが、京都議定書では「バイオ燃料はCO_2排出量はゼロと見なす」ことに決まっている。それは原料となる植物が生育の過程でCO_2を吸収しているから差し引きゼロとなるからという理由である。CO_2排出量にかかわるメリットに加えて、化石燃料と違ってバイオ燃料は再生可能であるというメリットがある。ブラジルでは既にバイオエタノールをガソリンに混ぜた燃料の普及も進んでいる。米国ではブッシュ大統領の「脱石油」の方針でエタノールブームが起き、米国で収穫するトウモロコシの半分はエタノールになるのではないかとも言われている。バイオ燃料のコストもこれまでは高すぎて原料生産国以外では競争力がないと言われてきたが、原油価格の大幅な上昇で状況がかなり変わってきた。日本ではまだバイオ燃料の研究も、バイオ燃料に対応した自動車の開発もあまり進んでいないが、世界の流れに遅れないよう開発を進めるとともに、供給体制の確立や生産設備への補助、関連法制の整備など態勢を整えていかなければならないであろう。

ただし、食糧・飼料となるトウモロコシ等を燃料に使うことは人類のために正しいことか大いに疑問がある。米国の環境学者レスター・ブラウンは、大型車のガソリンタンクをエタノールで満タンにするには、人間一人が一年に食べる穀物と同じ量を必要とするので、エタノール燃料の普及は、車を持てるような富める者が貧しい者の食糧を金で奪うことになってしまうと指摘している。二〇五〇年には九〇億人を超えると予想される世界の人口膨張を控えて、人類は食糧供給の確保に全力をあげていかなければならない。それなのに食用のトウモロコシの作付けをやめてバイオ燃料用のトウモロコシの作付けに切り替えるというのは全く逆の方策であり、間違ったやり方と言わざるを得ない。食料の安全保障は人類にとって最重要事項であり、化石燃料の代替と同列には論じられない。食糧・飼料となる植物をバイオ燃料に使用することは止めるべきである。

しかし、間伐材や食糧・飼料にならない廃棄部分のバイオ燃料への転化は大いに歓迎するところである。食糧生産と競合しない第二世代の「新」バイオ燃料の開発努力も各地で続けられている。下記は新バイオ燃料開発に関して最近の報道事例などから拾ったものである。

①ブラジルでヤトロファを栽培する日系人

ブラジルでは法律で二〇〜二五%のバイオ燃料の直接混合が義務化されている。バイオ燃料の原料となる大豆が急騰しているので、代替品として注目を浴びているのはヤトロファ（南洋油桐＝アブラギリ）である。ヤトロファは黒い種に豊富な油分が含まれているので、石鹸やランプ油の原料として使われてきた。それに注目した三人の日系人がミナス州でヤトロファの栽培に取り組んでおり、二〇一〇年にも油生産を開始する見込みである。（日本経済新聞夕刊二〇〇八・五・二八）

ちなみに、ブラジルでは法律で二〇〜二五%のバイオ燃料の直接混合が義務化されている。

②藻から「バイオ軽油」量産計画

デンソーは水中で光を浴びると軽油を生成する藻を大量に培養し、二〇一三年までに軽油の量産に乗り出す。軽油などを年に計八〇トン生産する計画で藻を原料とする軽油の量産は初めて。食糧高騰を招かず、低炭素社会に道を開く技術として注目される。

（朝日新聞二〇〇八・七・九）

③イネ原料のバイオエタノール

ＪＡ全農は食用でないイネを利用したバイオエタノール生産事業を二〇〇八年より開始、二〇〇八年一二月には新潟県で実証プラントが完成した。二〇〇九年三月から県内でバイオエタノール混合ガソリンの販売が予定されている。日本のすぐれた醸造技術を発揮できるばかりでなく、水田の有効活用にも寄与するものと期待されている。

（全農ホームページ http://www.zennoh.or.jp/）

3　木を植えよう

アクションプラン31
一本でも多くの木を植えよう

(1) 地球再生へのカギは「もっと木を植える」

地球温暖化を阻止するための国際的な取り決め、会議が重ねられている。京都議定書で日本が約束した六%の温暖化ガス排出削減(一九九〇年比)について、政府は三・八%を植林によってカバーする予定でいた。しかし、温暖化ガスの排出は削減どころか増加している実態であり、洞爺湖サミットで打ち出された二〇五〇年に排出を半減させるという目標を達成するためには植林を余程強力に推進しないと到底対応できそうにない。植林は林野庁やエコを標榜する企業・NGOに任せておけばいいと思っている人がいるかも知れないが、大切なことは一人ひとりが一本でも多く木を植えることである。

国連主催の「環境と開発に関する会議」は、第一回ストックホルム会議（一九七二年）以来、一〇年ごとに開催されてきた。第三回のリオ・サミットは「生物多様性条約」が具体化した環境開発会議として特記されるが、この会議を有名にしたのは「九二リオの伝説のスピーチ六分間」であった。それは、カナダの一二歳の少女セヴァン・カリス＝スズキの「私にできること――森の作りかた守りかた」と題するスピーチで、子供の素直な視点からエコ社会構築への大人の責任ある行動を求めたものである。スピーチの最後にセヴァンは南アメリカの先住民に伝わる一つの寓話を紹介した。この寓話は山火事で森の生きものが逃げまどう中でハチドリのクリキンディがひとしずくずつ水を運んで火を消そうとする話である。

この寓話は「ハチドリのひとしずく」として世界中に広がった。一二歳の少女に教えられたことは、身近な現実・事実から目をそらさないで「私にできること」をハチドリのクリキンディのように積み重ねることである。我々大人の世代が、積み重ねてきた地球環境破壊の行動を、我々世代の自覚と責任で是正し、少しでも良い環境に戻す対策を具体的に講じ、たとえ小さなことでも身近なできることから実行して行くことが大切である。

アクションプラン32

国内・海外の植林を支援しよう

(2) どのような木をどのように植えればよいか

日本は戦後の造林計画では即効性を求めてスギ、ヒノキなどの針葉樹の単殖人工林を次々と作ったが、日本の本来の自然な森は広葉落葉樹や広葉常緑樹を中心に、高木・亜高木・低木・下草がセットとなって共生してきたものであることが、宮脇昭・横浜国立大名誉教授らの長年の研究で明らかとなっている。針葉樹単種の林は国土緑化計画としては適切でなく、広葉樹を導入した針広混交林や複層林への誘導を進めるべきであるとの考え方が広がっている。人工林は間伐や枝打ちなどの整備・保全を計画的に実施しないと、樹木の生育が阻害されるばかりでなく、下層の植生が消滅して生態系が損なわれるという問題がある。

現存する植生のほとんどは伐採・植林・放牧・汚染などによる人間の干渉を受けて形成されている。宮脇教授の提唱する「潜在自然植生」に基づく植林を推進してきた植林は、一切の人間の干渉を停止したと仮定したとき、現状の立地気候が支持し得る植生のことである。その土地の気候風土に一番適合したその土地の「主役」となる木を選定し、その木を中心に、森を形成する高木、亜高木、低木等の森の構成員を選定する。選定された種類の木の複数のポット苗を作り、それらが混ざり合って育つように混植し、間隔を空けすぎないように密植するのである。それぞれの木が競争し我慢し共生を図るので、結果として自然淘汰が行われ、共存共栄の形で土地本来の森が形成されてくることになる。中規模以上の植林についてはこの宮脇方式が優れていることが実績で証明されている。自然に任せていると森の形成には四、五百年かかるものを、この方式では、四、五十年後には限りなく大自然に近い森になるのである。新日鉄大分製鉄所での森作りはその実例として知られている。大分製鉄所の周囲には植樹後ほぼ一八年で大きな森が形作られた。その後も、宮脇方式による植生域は内外にわたり一四〇〇カ所に及ぶと言われる。

一方、日本の森林面積の四〇％は人工林である。新規に植林による森林作りをするには宮脇方式が優れているが、既にスギ林やヒノキ林を形成している人工林については、下草刈り、枝打ち、間伐などの手入れを適切に行うことにより、その森林の価値を維持し高めていくことができる。二〇〇〇年にFSCから日本企業として第一号の認証マークを得たのは、三重県尾鷲の速見林業である。江戸時代から二〇〇年余り続く同社の行き届いた森林管理が国際的にも高く評価された実例である。いずれにせよ、その土地に合った植林と行き届いた管理が大切であることは言うまでもない。人工林の優れた管理ノウハウは「潜在自然植生」の植林のノウハウとともにアジアの国々における林業の支援に大いに役立つと思われる。

製紙業界がオーストラリアやニュージーランドで植林を行う場合のようないわゆる産業植林とは別に、企業や団体が海外での植林の支援に積極的に乗り出している。そのような植林支援には多数のボランティアが参加しており相手側から大いに感謝されているが、このような活動を支援するNPOやNGOが多数存在している。

例えば、中国については一九九九年に設けられた日中緑化交流基金（小渕基金。総額一〇〇億円）を活用して多数のNPO・NGOが毎年中国各地を訪問して植林活動を支援している。その一つにNPO法人北東アジア交流協会（東京都文京区音羽二－一一－一一、三和書籍内）がある。詳細はhttp://www.sanwa-co.com/npo/npo_index.htmlをご参照いただきたい。北東アジア交流協会では、既に中国遷西県で二二万本の植林を行っている。樹種は側柏、タイ松などであり、およそ六六ヘクタールに及ぶ。この活動は中国側の協力団体である中国全国青年連合会の「母なる川を守る運動」とタイアップして行っている活動で、地元の林業局、水利局など政府関連部門との協力関係を結び、生態系を守るとともに環境緑化活動を展開している。

(3) 温暖化防止のための「木を植える運動」の実例

① 「京都モデルフォレスト協会」……市民・企業・行政が協働した地域環境作り

京都府は、京都議定書発祥の地として、地球温暖化ガス削減目標を一〇%と宣言し、「地球温暖化対策条例」を二〇〇五年四月に施行した。具体的な削減方法として、京都府の面積の七五%を占める森林整備に着目し、京都府が制定した「豊かな緑を守る条例」の推進母体として二〇〇七年に発足した(社)京都モデルフォレスト協会と連携して、府民ぐるみで京都の森林を守り育てるため、企業、団体等への参加を呼びかけた。第一号として(株)村田製作所と協定締結がなされた。二〇〇七年七月に参加する企業、協会、行政(府・市・区)のトップが集まってキックオフが行われたが、運動の概要は次の通りである。

◆亀岡市宮前町神前地区の森林四八ヘクタールを対象とする……契約期間一〇年

• 広葉樹林の整備と伐採した樹木等の有効活用(木工、炭焼き等)

・針葉樹林の枝打ち、間伐と間伐材の有効利用（ベンチ、椅子等）
・里山クラブ（森林ボランティア団体）との協働による歩道整備等
・樹木調査や野鳥観察等の森林・環境学習・地域のイベント等への参加、協力等

②「新宿・伊那モデル」……カーボン・オフセットを視野に入れた都市連携

東京都新宿区と伊那市は、歴史的背景もあり友好提携を結んでいる間柄だが、二〇〇八年二月に二酸化炭素の吸収量増加を目的とした森林保全等に関する協定を締結した。東京の二三区が他道府県の自治体との環境保全に関する協定を締結したのは初めてのことである。

この協定により新宿区は二〇〇八年度から、伊那市の平地林を活用した体験学習事業を実施する。また、森林保全事業により増加したCO_2吸収量を新宿区内の二酸化炭素排出量から相殺する仕組み（カーボン・オフセット）を構築する。二〇〇九年度から伊那市の森林保全や間伐材の利用も支援する予定。両区市は、伊那市高遠地区・長谷地区の市有林を年三〇〜五〇ヘクタールずつ整備することを検討しており、これにより年三〇〇〜四〇〇トンのCO_2を森林の吸収量増加により削減できると試算している。

③環境省推進の「ストップ温暖化『一村一品』大作戦」で第一回（二〇〇八年）最優秀賞を受賞した：京都府立北桑田高等学校森林リサーチ科

環境省は、地域の優れた取り組みにスポットを当て温暖化防止の取り組みを地方から広め

る事業「ストップ温暖化『一村一品』大作戦」を地球温暖化防止活動推進センターなどと連携して展開している。二〇〇八年二月、全国四七都道府県から選ばれた一〇〇〇件を超える温暖化防止の取り組みの中から、北桑田高校を最優秀賞に選んだ。

北桑田高校が取り組んだのは「地元の木を使おう！」という活動で、地元の木材を活用することにより、他の地域の木材を利用する場合に比べてウッドマイレージ（木材の輸送距離）を短縮してCO_2排出を削減できることに着目した。

北桑田高校は一九九三年度の森林リサーチ科発足以来、地元産スギ・ヒノキ材を使ったログハウスや家具を製作・提供し続けていたが、二〇〇六年度には新たな取り組みとして京都府から「府内産木材取扱事業体」の認定を受けた（学校では初）。木製品販売時には、「地元産木材を使用するとどれだけCO_2排出が削減できるか」というPR活動を行ったり、京都大学が開発したJ-podシステム（間伐材も有効利用できる新建築工法）でモデルハウスを試作し、地元の木の新しい利用法を提案している。

日本各地で「木を植える運動」がいろいろな形で進められている。マスコミに取り上げられた事例をいくつか挙げてみる。

①「C・W・ニコル　アファンの森財団」

英国出身の作家、C・W・ニコル氏が一九八六年以来長野県黒姫高原で荒れた里山を少しずつ購入して「アファンの森」と名づけて日本の森再生活動を始めた。「アファンの森」は現在約三万坪。ニコル氏はナチュラリストとして高名で、執筆活動やマスコミを通して野生動物が棲めるような豊かな森に再生する活動を積極的に進めている。

②「イオン環境財団」

各地で植林活動を推進している。植林実績は八七〇万本（二〇〇八年一二月末時点）

③「東急ホテルズ」

グリーンコイン運動。ホテルに備付けの歯ブラシ等のアメニティを使用しなかった宿泊客は、その申告によってグリーンコインが貰え、それによりホテルは「子供の森」計画に苗木を寄付する仕組みで、既に八三万本の苗木を寄付している。

④「ケビン・ヤマソン氏」

「木を植えるギフト商品」運動を推進。ヤマソン氏は在日二〇年の会社経営者であるが、青森・岩木山の国有林カラマツ伐採地を自然林に戻す運動を展開しており、ギフト商品の売上の一定率を日本のユネスコ協会連盟の植林活動資金に寄付している。

４　三〇〇〇万本の木を植えた人たち

世界で「三〇〇〇万本の木を植えた人」として尊敬され話題となっているのは、ケニアでグリーンベルト運動（ＧＢＭ）を主導し推進しているマータイ女史と日本の「潜在自然植生」で「植樹の社会キャンペーン」を展開している宮脇昭・横浜国立大名誉教授の二人である。しかし、明治の初頭に四国の別子銅山のためにはげ山となった周辺の山々に三八〇〇万本の木を植えた伊庭貞剛のことはあまり知られていない。これらの三人について紹介しよう。

(1) 伊庭貞剛（明治の第二代住友総理事）

住友は一五九〇年代に新しい銅の精錬法を開発し、江戸初期の一六九〇年に発見した伊予（四国）山奥の別子銅山をはじめ各地の銅鉱山を経営して有数の銅精錬・加工業者となった。銅の精錬には大量の燃料を必要とする。手近の山から燃料となる木が切り出されたのを皮切りに、長い年月の間に別子銅山の近隣の山々の木はことごとく伐採され、江戸時代の終わりには別子の山々は見渡す限りはげ山となってしまった。さらに、焼鉱・精錬に伴う亜硫酸ガスは近隣の農産物を枯らせる煙害を発生させ、それに対して一八九三年には新居浜で農民暴動が起こった。また、山に草木がなくなった結果、土砂崩れや大水もたびたび発生した。

明治になって住友は別子銅山での採掘を近代化し、初代総理事・広瀬宰平は植林も開始した。広瀬の甥で大阪高裁判事から住友に転じた伊庭貞剛（一八四七―一九二六）は、一八九四年に別子銅山に総支配人として着任した折に、荒廃した別子の山々を眺めて大きな衝撃を受けた。伊庭は「別子全山をもとの青々とした姿にして、これを大自然に返さねばならない」と決意して「報恩植林事業」として「別子大造林計画」を立てた。具体的にはまず植林の本数を飛躍的に増加させた。広瀬の時代には年間数万本にすぎなかった植林本数を一八九四年一二万本、一八九五年二八万本、一八九六年四一万本と増加させ、一八九七年からは毎年二〇〇万本前後の植林を行った。植林は全て住友の費用で実施された。この植林事業は伊庭が第二代総理事となって一八九九年に大阪に戻った後も、さらに伊庭が引退した後も継続して行われた。前任者の総理事・広瀬宰平が植林を始めた一八七七年から一九二〇年までの四三年間で、記録に残っている植林だけでも本数は三八二五万本に達している。この大規模な植林によって、別子の山々は甦り、今も深い緑に覆われている。

（2）宮脇昭（理学博士、横浜国立大学名誉教授）

宮脇博士は広島文理科大学生物学科の卒業論文のテーマに雑草生態学を選び、卒業後は横浜国大、東大大学院に学びながら日本全国で雑草生態学の現地調査を行って研究論文をまとめた。その論文が当時ドイツ国立植生図研究所長をしていたチュクセン教授の目にとまり、同教授の下に留学（一九五八―一九六〇）し「潜在自然植生」の理論と現地調査の実践を学んだ。帰国後、現場第一主義に徹して日本の森の実態調査から各地の寺社林（鎮守の森）を解明し、さらに日本中の植生を調べ集大成として『日本植生誌』（全一〇巻）を刊行した。宮脇博士は厳密な理論を究め実践しながら「木を植えよ！」と呼びかけ、国内から海外にまで「三〇〇〇万本の木を植えた男」として知られている。

宮脇博士は日本国内だけでなく、熱帯雨林帯、乾燥熱帯林（タイ）、低地熱帯林（ブラジル・アマゾン）、チリの南極ブナ林の再生等にも着手し、土地本来の森の再生を実現してきている。また、中国万里の長城沿いにモウコナラ林の再生を目指して、一九九八年からイオン環境財団と北京市による四〇〇〇人四〇〇万本植樹のプロジェクトリーダーとして、日中協同植樹祭を開始し、約五年後には樹高三メートルを超えるものもあり、宮脇方式に基づき、行政と市民協働の緑環境再生を進めている。

（3）ワンガリ・マータイ（ナイロビ大教授、元ケニア環境副大臣）

ワンガリ・マータイ（WANGARI　MAATHAI、一九四〇年―　）はケニアでグリーンベルト運動（GBM）を提唱し、実践しつづけてきた人で、二〇〇四年にノーベル平和賞を受賞した。

ワンガリ・マータイは生物学者を志してアメリカに留学し、ピッツバーグ大学で修士号を取得した後、ケニアのナイロビ大学で博士号（獣医学）を取得した。一九七二年にストックホルムで国連人間環境会議が開かれ、ナイロビに国連環境計画（UNEP）本部および環境連絡センターELC（数年後に国際環境連絡センターELCIとなる）が設立されたのを契機に、生物学者であるマータイは環境問題について深く、熱心に学ぶようになる。

ケニアでは一九二〇年代から地域直接参加型の森林再生プログラムが開始されていたという土壌があった。それを踏まえて一九七七年に有志とNGO「グリーンベルトムーブメント（GBM）」を創立、土壌の浸食と砂漠化を防止するために、農村女性に植樹を通じた社会参加を呼びかけた。ケニアの貧しい現状のもと、女性が薪集めの労働から解放されるために、まず身近な所から植樹するようにGBMを進めたのである。植樹運動はやがて村の女性の利益・収入になることも教えた。彼女の熱心な活動により、GBMの運動は支持者を増やし、これまでに延べ約八万人が参加し、外来種を排して自生・在来種を中心に三〇〇〇万本の植樹を展開してきた。薪が増え、土地が肥え、果実が実る、そして地域の環境が良い方向に変わり、収入も増える。GBMの地味な植生による地域振興計画は注目されるところとなり、やがてナイロビに国連環境計画（UNEP）の本部が設立された。この運動はアフリカ全土に広がり、延べ一〇万人の参加者、四〇〇〇万本以上の植樹が行われたとされている。

マータイ女史は「持続可能な開発、民主主義と平和に対する貢献」を評価されて二〇〇四年にノーベル平和賞を受賞した。環境活動家としてもアフリカ女性としても初めての受賞である。受賞後の二〇〇五年二月に京都議定書発効関連行事に招かれて来日した時に「もったいない」という言葉を知って感銘を受け、「モッタイナイ」はリデュース、リユース、リサイクル、三つのRを代表しているとして、環境保護の合い言葉として取り入れ「MOTTAINAI」運動を世界に推奨し広めてきた。国連環境計画本部が、この「もったいないモッタイナイ　MOTTAINAI」発言に触発されて動いた結果、「二〇〇七年は世界で一〇億本以上の植林運動」として展開されたことは特筆すべきことである。そして実際に二〇〇七年にはエチオピアでの七億本、メキシコでの二億一〇〇〇万本など発展途上国を中心に一〇億本以上の植林が実行された。

（佐藤　陽一・瀬名　敏夫）

第5章

我々の生き方を考え直す（先人の知恵に学ぶ）

これまでの各章では環境問題のいろいろな面から問題の本質をより深く追究し、それぞれの問題へのアクションプランを提案してきた。本章では環境問題に強い関心を持ち行動を起こしたいと考えている人々への一つの試案としての暮らし方、行動の仕方、言い換えれば、望ましいライフスタイルの一つのサンプルを提示したいと考える。すなわち現在の価値観を見直し、新しい価値観を模索する人々への参考書としていただきたい。もうおわかりと思うが、環境問題の本質は国や企業、そして国際的な機関の問題として、お手並み拝見的な問題ではなく、各個人の生活の仕方、生き方の問題であって、国や企業の行動を変えることができるのも最終的には各個人の考え方である。例えば、つい最近まで大きな家に住み、大きな車にあこがれていた人々が、車社会から一歩距離を置きはじめたのは企業の宣伝に乗せられたからではなく、都心のマンションに住むことを格好がよいと感じはじめ、車を降りて自転車や徒歩で生活することが好ましいと考えはじめたからである。それは社会を変える力は基本的には個人にあるということの実証である。その観点からこの環境問題に対処するのに一番必要なのは、環境問題は人類の暮らし方、すなわち、生き方の問題であると理解することである。本章のいろいろな箇所で環境問題と一見直接関係のなさそうな話題に触れているが、それは環境問題が大げさに言えば哲学の分野に足を踏み入れる必要がある、生物としての根源的な問題だからである。

1　先人の知恵に学ぶ（人類の大半はこうして生きてきた）

アクションプラン33

年に四回は家族で墓参に行こう
あなたには二〇代遡るだけで二〇〇万人以上の祖先が存在した。
それだけの人が命をつなげて来た。

世界に宗教と呼ばれるものは、極論すれば人の数ほどある。同じ宗教でも会派や宗派の数を数え上げればとても数えることは不可能である。それらの中で相当の宗教が自然崇拝的である。自らを自然の掟の中に晒すことしかできない人間以外のあらゆる生物は自然のルールに従ってきた。そのルールに従わず、予定外の生存を勝ち取ったのが我々人類なのである。人類が発展したのは知恵の存在であることは間違いがないと思うが、人類という地球上の生物が自然の掟の中で生き延びるのに最適な知恵者であるかどうかはわからない。人類の活動の中で戦争や多くの工業製品の存在は言うに及ばないが、比較的自然との共生という言葉で語られることの多い農業でも、地球上の植物にとってはその行為は人間による侵略であり、共生という概念にふさわしい行動などほとんどないのである。共生とは二者の間でメリットを取り合える関係であり、もし人類と地球が共生という関係になるべきであるというならば、人類は地球にメリットを与えることがなければならない。これまでもこれからも人類は地球からいろいろなものを与えられることはあっても、地球にメリットを与えることなどありえない。人間がすることの全ては自然を、地球環境を人類に都合の良いように改変することであって、このことは地球にとってはありがたいことでもなければ、困ることでもない。生態系の破壊という観点で見れば、農業や牧畜のように人間が自然の循環の中で行動しているように見えても、メダカやカエルなど、どこにも見られたなじみのはずの多くの小動物がその数を劇的に減らしている事実がある。岩や木など一木一草みな信仰の対象とする自然崇拝の考え方は、自然と共存するしかない人類の心からの根源的な祈りなのではないであろうか。〝もったいない〟という言葉が人気を博しているが、その言葉は日本人の体質として長い間に定着した暮らしの基本ルールなのであり、環境問題とはまだ関係なかった時代からの強くて貴重なメッセージである。

人間も自然の生態系の中の一部の存在であり、ものを大切にする、せざるを得ない状況が歴史の大半である。動物の徹底した弱肉強食の世界でも、生存に必要な獲物だけを殺すのであって生態系の中に自らの生存をかけている。生態系の中にのみ生存を許されている（全てのと言っても良いが）生物は犯してはならないルールをしっかりと認識している。そして、自己増殖が行きすぎると自壊的な行動をすることがある。人間は益虫、害虫と、自分の都合で色分けして、害虫に対しては徹底的な駆除をする。それも長期的には危険かもしれない化学薬品を多用している。自然界の掟は自分の生存が脅かされるときのみ、他の生物種に影響をすることが許されるのであって、人間のように一時の快楽のためや、より便利で快適な生活のために生態系に変動を呼び起こすものはいない。人間は万物の霊長であり、自然をコントロールできるしコントロールしても良いのだという考えの人々もいる。しかし人間でも他の人を殺害しても良いのは自分の生存に赤信号がついたとき、初めて正当防衛として認められる。これと同じルールが種の間の掟として取り入れられても良いのではないかと思う。ダニやノミ、シラミといった人間にとって不都合な生物や病原菌は人類の生存にかかわるときだけ、必要な量に限って駆除や消毒が許されるのではないか。そのほかの方法は蚊帳《かや》の思想すなわち、人間に危険で厄介なものは蚊帳のように人類の生活範囲と自然そのままの範囲とを分離して、お互いに犯さない生活を目指すことである。

さて、環境問題を考えるときこれをどのように捉えるかによってさまざまな立場が生じる。そして、生きるための価値観の違いにまで及び、環境について百人百様の考え方をしている。ある人はこの地球温暖化は宇宙の大きな変動のごく一部の現象であり人間の力の及ぶ範囲ではないと考え、ある人は人間の活動を根本から見直さないと大変なことになると大きな声を張り上げる。いくら科学者が科学的考察を述べてもこの対立はいっこうに収まらない。それでも両者ともこの現状が変わらないと人類の生存条件に黄色か赤の信号がともるということは感じている。そのために人類は何をすべきかという具体論になると根本的な認識の違いにぶつかることになる。環境という言葉そのものに明確な定義がないこともあり、環境に対する意見を集約することはきわめて困難である。その結果意見が一本化できないでいて、結果として対策は遅れに遅れている。具体的な対策のためには大きな根本的な考え方の違いを整理、認識しておくことは無駄ではない。その二つの流れの第一は当然ながら人間中心主義である。人類が快適に生存できる環境条件を満たすために我々はどのように行動するべきかという視点で全てを考え、行動する人たちであり、他の生物種の絶滅を危惧するのも人類の現在と未来の生存のために差し迫った危険信号として捉えているからである。したがって、人類の生存に邪魔な生物の絶滅に何の痛痒も感じない人々である。弱肉強食は自然の摂理であり、人間は万物の霊長であり自然に影響を与えても人類益に適えば他の生物の生存に基本的には無頓着である。
一方、自然とは、人間の手の届かない状況を言うのであって、人類によって手の加えられた自然はもはや自然ではないという考えの人がいる。そして自然界のあらゆる生物種には基本的な生存権があり、人類もその中の一種であると考える。

そして、自然界は独自の秩序を持ち、人類もその秩序の中にある。したがって、人類が授かった知恵を使って生き延びることは認められるが、そのことには厳しい制約条件がある。それは人類の活動が他の生物種の秩序を乱さないという条件である。人類も自然の秩序の中で他の生物種を食料などさまざまな形で利用することができるが、それはあくまで人類が生き延びるための必要最小限に留められ余分な欲望を満たすために行われてはならない。歴史の大半は、自然におののき敬意を払って生活していくことが人類が末長く生存できる道であると認識しているからである。その意味では、基本は人類生存のためであり根源の願いは自然中心主義も人間中心主義と変わらない。今日の問題の多くは科学技術の陰の部分が人類の過剰な欲望とあいまって生じたものである。

科学技術の発展が、我々の生活を劇的に豊かで便利なものにしたが、その陰の部分が言われだしたのは科学技術の歴史の中では比較的最近（環境問題の認識が重要視されだしたのは、この五〇年くらい）である。このように科学技術の陰の部分は、その全容が判明するのにある程度の時間を要すると考えなければならない。科学技術はそのことをしっかり認識して、そのうえで利用するべきである。

例えば、現代社会の利便性に人工衛星などの宇宙技術が大変寄与しているが、そのために発生した宇宙ごみが人類や地球そのものにどんな影響を与えるのか、与えないのか、科学者の間でも意見が分かれるであろう。結論的に言えば科学技術は利用してもよいが、科学技術には光と陰があることを認識したうえで決断することである。科学者はどんなに優秀で立派な人でも自然界の森羅万象に通じているわけではなく、一分野のエキスパートであって、神のように、間違った選択は絶対にしないと言い切れる人はいない。くどいようだが環境問題の選択の結果は全ての人々に戻ってくる。

2　価値観の転換を図る（粗衣粗食は格好が悪いか）

アクションプラン34
〝腹八分目　医者要らず〟簡素で機能的な生活を

二〇〇七年一一月一冊の本が話題になった。フランスのタイヤメーカーのミシュランが発売した東京のレストランの初の格付け本である。現代の世の中で理想とされる生活がセレブの生活であり、その生活は衣食住の全般においてあこがれの的として報道される。確かに豊かさが否定されることのない資本主義社会における格好良さは、基本的に贅沢をすることのできる財力があることである。ミシュランのレストラン格付け本を夜中から並んで購入する人たちの全てがセレブではないのに本を買うのは、とても理解の範囲ではない。環境問題からすれば、スポーツ観戦も問題となる。人間の持っている性がサーカスを求めるわけで、これを全部否定するつもりはないが、たかが人間の憂さ晴らしに多くのエネルギーが消費される。一人のスーパースターの移籍に数十億の金銭が動き、多くの若者がプロスポーツの選手になろうと努力する。なかには子供の成功を手助けしてそれを職業にする親がいる。今や、かつて聖職と言われた医師や教師といった使命感の要求される職業は疎まれる。同じ努力なら金になるほうが使命感で働くさまざまな職業より目指す価値が高い。このような富の集中は、情報化社会が作り出したものでスポーツ選手の努力と才能で生み出されたものではない。これは金銭的な価値がマスコミによって世界中に広がり想像を超えて拡大増幅された結果である。現代の全ての富の集中は情報化社会のあだ花ではなかろうか。

格好良い職業の第一条件はお金である。昔芸人と言われ尊敬される存在ではなかったお笑いタレントが今はあまりにも多くの若者にあこがれられ、それを目指す大半が若い時代を無駄に過ごしてしまう。現代日本は病んだ社会と言われても反論できない。戦前の旧制高校の弊衣破帽を格好が良いという感覚は古すぎるが、身にまとうものは清潔で簡素であればブランド物でなくとも中身の人間の評価には影響しないと思うが、このビジュアル重視のファッション社会では少数意見であろう。ハイクオリティーな生活の意味は精神的なセレブの生活を目指すことを意味する。古い時代まで遡れば、清貧の思想があり、金や富を蔑む思想があった。例えば経団連の会長を務め第二臨調の会長を務められた土光敏夫氏の私生活は極めて質素であったということであり、収入の大半は後進の教育（橘学苑）のために使ったという。好物がメザシの干物であったということはあまりにも有名である。そのほか、城山三郎氏の小説の題名にある「粗にして野だが卑ではない」の主人公（石田禮助）の精神は、つい最近まで日本人の心にしっかり生きていた。このように精神性の高い生活がハイクオリティーな生活である。三つ星レストランとは無関係でもこうした生き方にあこがれるのは多分極めて少数派であろうが、環境問題を語れるのはこうした生活の実践者ではないかと思う。この人類の危機とも言うべき事態に警鐘乱打できるのもこうした精神的セレブであると言えるのではないか。イエス・キリストは、〝何を食べようかと思い悩むな、何を飲もうかと思い悩むな、何を着ようかと思い悩むな〟と述べている。そして野の花の美しさをソロモンの贅を極めたものより美しいと述べている（ルカによる福音書一二―二二―三二）。イエスの頃から粗衣粗食は神の意に沿う当たり前のことであったのである。一方東洋でも中国の古典に〝足るを知る〟（知足者富「老子」第三三章）という言葉で欲望は抑えられなければならないと書かれている。仏教でも「色即是空」と教えているし、神道でも基本的には精進潔斎が大切な価値観であった。

3　エネルギー消費の目標値
（人類の永続的生存のためにエネルギー消費を減らす）

アクションプラン35

消費可能なエネルギーを一日一万キロカロリーに
子孫に美田（良い環境）を残す。人は一代　名は末代

人類の永続性のためには持続可能な生活様式を構築しなければならない。そのためには科学的な論拠をもとに消費エネルギーの目標値を算出するべきであると考えがちであろう。しかし、科学技術はこのような根源的な問題に対する解答を用意することはできない。それは自然の営みの全てをいまだに人類は解明できたわけではないからである。自然界にはまだまだ不明なことが溢れている。現段階では〝群盲、象をなでる〟のような事態になる。

後の項で述べるが、人類の消費生活エネルギー（化石燃料に依存する部分）を一日一万キロカロリー／日／人とすることを提案する。この目標値は、昭和三〇年頃の日本人の消費エネルギー（化石燃料依存部分）である。この頃筆者は小学校の高学年であって、当時は物は溢れてはいなかったが、そんなにつらい生活ではなかったように思われる。当時の自殺者の人数はわからないが、現在のように三万人を超えるというような状況ではなかったと思う。それに加えるに年間三万人に近い独居老人の孤独死があると言われているが、この中には経済的困窮者も多い。しかし、江戸時代の人々の生活レベル（ものの豊かさ）から見れば何十倍ものの豊かさを享受していると考えるべきであろう。ものの豊かさイコール心の豊かさイコール幸福とはならない証拠である。

江戸時代にまで戻れとは言わないが、一日一万キロカロリー／日／人（化石燃料の使用分）は十分に達成可能な目標である。昭和三〇年頃は誰もがマイカーとはいかないが物流には自動車が使われており、一部の金持ちは自家用車を持っていた時代である。科学技術に頼りすぎるのはよくないが、その後の五〇年でさまざまな分野で省エネルギーが進んでいるから、それらの技術と〝もったいない〟精神と環境問題への適切な対応によって生活を変えれば、基本的な生活条件を満たすことも可能である。もちろん、目標の達成のためには循環型経済社会を作る必要がある。いわゆる持続可能な社会システムを作らなければ達成できないであろう。例えば江戸時代は循環型の社会であったと言われるが、生活の基本は地産地消であって、今日のように、ものを世界中から集めて贅沢することはできなかった。この目標値は単なる〝もったいない〟精神では、とても乗り切れない。根本的な発想の転換が求められる。

さらに、問題は現在でも一万キロカロリーも使っていない発展途上国の人口爆発によって新しく必要になるエネルギーをどう賄うのか、賄えたとしても過去の影響まで遡って環境を改善することができるかということもある。そして発展途上国の人口爆発をいかに抑えるかという難題が残る。これは各国の政治的最大の課題として解決していただくしかない。いずれにしてもこのエネルギー消費の目標値を達成するためには相当の努力が必要となる。その努力の方向性を以下に述べる。現状の日本人は一日一〇万キロカロリー（化石燃料依存部分。総生活エネルギー消費量は一二万五〇〇〇キロカロリー）の使用状況である。その内訳は大体、産業界が五〇％、運輸が二五％、民生用が二五％である。これに対して化石燃料に依存するエネルギー量を、

①もったいない精神で二万キロカロリーを減らす。二割削減。

②余分な贅沢をそぎ落とし、生活の簡素化で四万キロカロリー減らす。四割削減。具体的には、生活必需品以外の高額の環境目的物品税をかける。

③大量に消費すると割高になるシステムの導入で一万キロカロリーを減らす。一割削減。

④新たな廃棄物税の導入により、長く使うことが格好が良いという価値観に変え、一万キロカロリーを減らす。一割削減。

⑤地産地消の構造改革を進め、物の移動、フードマイレージ等を減らすことで一万キロカロリーを減らす。一割削減。

実現は決して楽ではないが目標の方向性は示せる。そして必ず出る声は「経済はどうなるのか」という質問であろう。答えは一つ。人類が滅亡の縁にあるときは、環境問題を優先しなければならないが、その意味で現時点では環境の悪化を防ぐことに重点を置いて経済の構造を改善していくことが望まれる。まずはこの目標値を達成するためにどうするか、さまざまな先人の知恵を借りて、より実現性の高い具体案を模索しなければならない。時間はあまりない。

４　未来のために先人の知恵を借りる（宝物は過去の中にちりばめられている）

アクションプラン36

古老の話を聞き、孫に話そう
命と知恵を未来につなぐ

人類の歴史の中には多くの消滅した文化や文明があり、その多くが廃墟となって残されている。マヤ、インカ、アステカ等の中南米の文化、文明、そしてアジア、アフリカにも消滅した文化は多い。その中でも消滅の原因が不明のものも多いが、戦争によるもの、気候の変動によるもの、資源の枯渇によるものなど、さまざまである。

そのような過去と同じような失敗を犯さないように、しっかり学ばなくては人類はとうていきれない。ある文明は周りの森を燃料として切り尽くし、その結果その文明は維持不能になって消滅した。またあるものは火山の活動や大地震の発生、大洪水など自然の猛威に屈して消え去った。自然は人間に厳しく接してきたのである。そのことを忘れて、科学技術が万能で科学技術が全てを解決してくれると思ってのイノベーション頼みの考えは危うい。むしろイノベーションというものは長い目で見ると人類滅亡の引き金を引くことも大いにありうるのである。核兵器や生物化学兵器の使用はまさにその引き金になりうるものである。人類の歴史の中にはペストなど強烈な病原菌の流行により住民の過半が死亡したような悲惨な状況もあり、あのような状況が新しい薬品の長期使用の結果生まれて来ないとも限らない。科学技術のもたらすリスクを科学技術で抑えようという考え方はことの本質を見失っていると言える。過去の例は自然を甘く見てはいけないということを教え続けている。自然の怒りに触れてはいけないのである。論語に〝己の欲するところに従いて矩を超えず〟という言葉があるが、大半の多くの人間は死ぬまで「矩を超えず」という状況には手が届かない。

特に便利さばかりを追求する現代では、消費の拡大は善であり成長なくして豊かさを得ることはできないというのが常識となっている。しかし、過去の時代には不便でも、ものがなくても素晴らしい文化を花開かせた時代がある。日本で言えば江戸時代であろうか。士農工商という身分社会、すなわち、封建制の下、庶民は大変厳しい生活を押し付けられていると考えがちであるが、江戸時代の生活はそういった暗いイメージとは違い、いろいろな文化が花開いた時期でもあった。

そのほか、生活の基盤に仏教や神道の教えが生きており、生活にはそれなりの規範があって、自然との折り合いも持続可能な形態になっていた。人間は全くの自由を与えられているよりもある種の規制の下の方が幸せに生活できるのかもしれない。もっとも、アマゾンの先住民族（ゾエ族）の中には、所有という感覚がない社会を実現している人々がある。過去から引き継いでいるさまざまな教えがそのような認識を可能にしている。進化とか、発展とかとはどのような状況を言うのであろうか。これは哲学の問題なのかもしれないが、環境問題とは、そのような問題も解決しなければならない。

過去に学ぶといえば、遠い過去にまで遡らなくとも比較的近い過去にも継承されなければならないものは多くある。例えばレイチェル・カーソンの名著『沈黙の春』は出版されて半世紀近く経った今でも読まれている。そして、その認識は『奪われし未来』（シーア・コルボーン等著）に引き継がれている。過去というのはいつの時点から言うのかわからないが、評価はいずれは一定の範囲に収斂してくる。本の場合は古典と言われる頃には過去の名著として認識しても良いと考えられる。『沈黙の春』は間違いなく社会に大きなインパクトを与えた名著であると言っても良いであろう。化学物質の危険性を強く訴えて人々に警告を発したが、その衝撃は日を追うごとに大きくなり、さまざまな科学者が彼女の警告に耳を傾け、後に続いて研究を進めた。環境ホルモンの問題として精力的な研究が行われている。その一つの研究グループが著したのが『奪われし未来』である。現在でも多くの研究者がこの問題に取り組んでいるが、環境問題のテーマの最も大きなテーマではないかと考える。現在では温暖化の問題のほうがより緊急性があるとして脚光を浴びているが、人類の未来を脅かすという点では環境ホルモンの問題のほうがより決定的で劇的な影響を発生、惹起する可能性がある。命をつなぐという環境倫理の基本的な目的のためにも重要性と緊急性は高い。『奪われし未来』の中でも、〝子孫を絶やす五つの方法〟として縷々述べられている。問題とされているさまざまな農薬や殺虫剤、洗剤の問題とともに現在の人類には特効薬と言われる医薬品もその処理の仕方では、将来世代に突然薬害を発揮しだす可能性もある。現に日本では薬漬け医療が言われているが、多くの患者が治療で出された薬を余れば捨てているという事実がある。これらの大量の薬が追跡調査を受けることなくぞんざいに捨てられているが、この事実を知っていてもそのままに放置されているのが現実である。レイチェル・カーソンの警告を過去の問題と横に置いてしまうことは許されない。過去には何度も、何度も学びなおさなければならない。まさに古典というものは時の流れで簡単に色あせるものではない。レイチェルの指摘には今でも耳を傾け続けなければならない。四六年たってもいまだに過去になってはいない。

5　先住民族と言われる人々の暮らし（知恵の宝庫）

まず先住民族とは何かを定義づける必要がある。以下に国連先住民族作業部会による定義を紹介する。

「先住民族とは、地球の他の地域から異文化、異民族的な起源を有する人々が到来し、地元住民を制圧し征服して、彼等を植民地政策などの手段により植民地的、もしくは劣悪な社会状況に追い込む以前の、その地域にわたって、部分的に居住していた人々の現存する子孫からなる民族集団である。先住民族は現在組み込まれている国家の諸制度よりも、独自の社会、経済、文化的慣習および伝統に従って生活しながら、マジョリティー社会の民族的、社会的、文化的な要素によって構成されている国家体系に不本意に編入されている状況にある人々のことである。」

二一世紀の初頭という今日、国家の壁はグローバリズムの進展によりかなり低くなっていると思われるが、現在でも相当多数の先住民族と言われる人々が昔ながらの生活を続けている。我々日本人は近代化された文明にどっぷりつかって、先進国にどうやったら追いつき、追い越せるかと躍起になっているが、彼らはかたくなに祖先の生き方に忠実に従おうとしている。そこには何か我々ではわからない理由があるに違いない。この稿では多くの先住民族の中からごく一部になるが、焦点を当てて、彼らの生活の持っている意味を探ってみたいと考える。一例を挙げると、アマゾンの先住民族の一つメイナク族に「幸せ」という概念がないという。したがって不幸であると思うこともない。近代化された国家の目的は「国民の幸せを実現すること」だという考え方に疑問を抱く人はいない。人間はものの豊かさや貧しさで幸福や不幸を感じるのではなく、周りの人との比較で幸、不幸を感じるのであり、そして格差の大きさに幸、不幸を感じるのである。アマゾンの少数民族メイナク族は言う。「仲間が傷ついて沈んでいるのにほかの仲間がいい気分でいられるわけがない。」

我々がともすれば口にする〝他人の不幸は蜜の味〟という言葉の卑しさは、恥ずかしさを通り越して惨めでさえある。先住民族の多くは「分かち合う」ことで多くの苦難を乗り越えてきたのであり、競争して進歩して問題を解決してきたのではない。競争や争いは、彼らの暮らしにはない。競争社会はものの豊かさには有効であるかもしれないが、心の豊かさに対しては無力どころか諸悪の根源でさえある。今日の人殺しの半分は身内によって行われているという。家族の間でさえ助け合えない現代社会が、先住民族の知恵をどうして笑うことができるであろうか。この競争社会で最後の砦として寄り添うべき家庭が崩壊しつつある現実はどう考えたら良いのであろうか。グローバリズムによってグローバルな競争にさらされているということは、その市場で敗れた人は世界中にどこにも逃げ場がないことを意味している。昔のように都会に出てチャレンジしたが不幸にも敗者になった人を暖かく迎え入れてくれる家庭やふるさとはもうないようである。

敗者のための小さいリンクもなく、再び世界の中で勝ち抜かなければ生き残れない。そのことが若者を臆病にさせ不安にさせる。そのことが親をさらに不安にさせ、それがまた若者を深く傷つける。グローバリズムという怪物は否が応でも格差を押し広げ、勝者には使いきれない金というバーチャルな富を与え、敗者には明日の糧さえ与えない。それが市場競争主義のルールであり、現実の世の中である。野球のイチロー選手のように頂点に立つ者と戦力外通告を受ける者との力の差以上の報酬の差となって返ってくるのは、スポーツや芸能の分野だけでよい。世界を相手に勝てる人しか生きていけない社会は決して安心、安全な社会をもたらさない。多くの若者は社会的な逃避に追いやられる。アメリカンドリームは一見自由な理想の社会であるかのような錯覚を起こさせるが、その本質は配分のルールであり極端な格差を生む。市場原理とは自由という名に惑わされ受け入れさせられているが本質は非情なシステムである。大半の凡人には過酷なルールであり不安を増殖させる、宝くじのようなルールである。今こそ環境問題をテコに現代社会のさまざまなルールの欠点に目を配らなければならない。そして、人々が明日を信じて生きられる社会を作ることが求められる。

アクションプラン37

一〇〇年後の夢を話し合い、想像力を高めよう
祈り強く求めることは実現できる可能性が高い

(1)アメリカの先住民族に学ぶ(現代人は想像力を失った)

アメリカの先住民族はアメリカンインディアンと呼ばれることがあるが実に様々な部族に分かれており、一まとめにするのは無理がある。それらのひとつ、イロクォイ族は極め

てユニークな風習を持っている。アメリカンインディアンは与えられた居留地の中ではあるが、自治を認められており独自の議会を持つ。イロクォイ部族の議会は議会の開会に当たって自分たちの責務を謳う誓いの言葉から会議をはじめる。

「我々はあらゆる討議において、我々の決定が今後七世代にどんな影響を及ぼすか考慮しなければならない。」

これによって、今生きている議会メンバーの票決は、百五十年から二百年後の未来に生きるものたちの要求や尊厳にも十分配慮したものとなったのである。

（『地球は人間のものではない』ジム・ノルマン、星川淳訳、晶文社）

これに引き換えアメリカでも日本でも、さらに言えば全ての先進国の議会は、民主主義と言っても現在生存している人々の間の利害調整を図るのが精一杯で、特に日本では大きな借金を後の世代に残そうとしている。また、国際的な視野で見てもあらゆる国が超近視眼的な意味での国益の確保に狂奔していて、その中のいくつかの国は国益という名の大義名分で、おろかな戦争を続けている。地球環境問題は、一握りの人の損得問題ではないし、国益論で対応できるものでもない。世代間の衡平を含む環境問題は地球上の全ての人が考慮して当たらねば実現できない大きな課題である。個々の国レベルで国益を確保しても、全体での目標が達成できなければ意味はない。現在を共有している人が国内外で罪を犯せば国際協定で裁かれる。しかし環境破壊で将来の子孫を傷つけても罰せられない。もちろん、極端な場合に対しては、各国ごとに公害に対する罰則はあるが、ほとんどが現在ともに存在する人の間の防止策であり罰則である。多分、司法の関係者は被害者が実存しないし、被害の確定もできないから罰しようがないと言うであろう。しかし現在只今でも、多くの動植物の種が絶滅しつつあり、多くの資源が枯渇しかけている。人類でも、環境の悪化で健康を損ねている人も多いし、遺伝子に環境の悪化が影響をしていないと断言できる人がいるであろうか。科学技術は人間の利便性を大いに高めたが、陰の部分には人類がまだ気づいていないだけかもしれない。現在の人々を延命させるために使われる多くの薬が厳しい治験をくぐって使用が許可されているが、農薬を含めてそれらの薬の複合汚染の危険が将来の子孫に全く影響をしないと言い切れるであろうか。化学薬品の負の部分が今現在露見すれば禁止薬物とされて危険が避けられるが、何代か後の子孫に影響が出ても、犯罪行為として誰も裁かれることはない。ことの本質は注意義務違反でその行為は時に人類を絶滅させた罪なのかもしれないのに。現に多くの国で男性の精子の数が減少しているという報告もある。それが事実で、その事実が進行すれば人類は間違いなく絶滅する。アメリカンインディアンでも全てを見通して七世代後の人の影響を推し量っているのではない。極めて直感力により考えて討議するのである。

そして考えるとき彼らは自然と対話しながら判断する。そのために議員たちは地面に腰を下ろして感覚を研ぎ澄まして考える。先進国のように自然から隔離された議場で考えるのではなく自然の懐に入って一体となって決断を下すのである。科学技術の支配下では感覚は鈍くなる一方である。そして、人類は想像力を失いつつある。

アクションプラン38
全ての生物の命を大切にしよう
無駄にするとバチが当たる、目がつぶれる

（2）北米のイヌバリュート族の話（思いやる心）

以下のイヌバリュート族とシロイルカの話は非常に示唆に富んでいる。

「過去何百年にもわたり、イヌバリュート族の暮らしは本質的にスピリチュアルな成り立ちをしていた。人間が動物を殺すのは生存の目的のみで、けっして必要以上のものを獲ることはなかった。食物は生贄であると同時に賜り物であり、獲物の魂（スピリット）の遺産だった。ここから捕食者としての人間と餌動物との間に〝同調〟を起こすための儀式が生まれた。例えば昔のイヌイットにはシロイルカを殺すとその後四日間、どんな仕事も性行為も慎まなければならないという決まりがあった。シロイルカ（クジラ）の魂が死骸から離れるのに、かっきり四日かかるとされていたからだ。また、その間村人はその霊を傷つけないよう鋭い刃物を使わないようにし、霊を驚かさないよう大きな音を立てることを禁じられた。もし誤って霊の機嫌を損ねると、村に不幸が訪れたり、ひどい場合は死人が出たりした。そんな時にはもっと複雑な禁制が敷かれることになる。

人によっては、これを迷信と呼び、まともに取り合おうとしないだろう。しかし、私たちがそれを何と呼ぼうと、人間とクジラの間につながりがあるというこの考え方によって村人たちにある種の責任感が生まれたのは確かだ。むやみなクジラ殺しには歯止めが掛かり、確実に種の保存が行われた。クジラを守ることによって、人間も確実に守られた。私はこのような関係をスピリチュアル・エコロジーと呼びたい。そこでは人間と動物たちとがより大きな生態学的コミュニティーのなかで、相互依存し、連携進化する構成員として共存しているからだ。」

（『地球は人間のものではない』ジム・ノルマン、星川淳訳、晶文社）

この事例でわかるように、これこそ人類が何千万年も生き延びてきた知恵があふれている。自然と暮らすというのはこのようなことを続けることであって、科学技術は現世代の利便性を増したが、後の世代の生存を保証するものは多くはない。

アクションプラン39
江戸時代の生活の知恵を活用しよう

（３）江戸時代の暮らし（日本文化の成長期）

江戸時代以前は、エネルギーを無駄にすることはできなかった。それは当時の人々の暮らしの中に化石燃料を使用する技術がなかったからである。人力以外では、せいぜい水車の使用と牛馬の使用くらいである。後は全て人力であった。人力の提供できる消費エネルギーはおよそ一〇〇〇キロカロリーであり、現代の化石燃料と比較すると、現代人は一日一人当たり一〇万キロカロリーと言われているから、約一〇〇分の一程度の消費エネルギーで生活

図 5-1　米のリサイクルシステム
出典：金草鞋

していたことになる。もちろん、現代人に江戸時代の生活に戻せと言っても不可能なので、全く科学的ではないが、江戸時代の生活がそんなに惨めなものではないことを考えれば一万キロカロリーという目標は達成可能と考えられる。産業革命以後のエネルギー多消費型システムのツケを過去にまで遡って少しでも過去を癒やすためには現在の使用量の一〇分の一という目標値は十分検討に値すると思われる。この目標値を守ってどのような暮らしの豊かさや喜びを感じることができるか人類の英知を駆使して見つけ出すことは不可能な挑戦ではない。その証拠に現在でも江戸時代と同じような生活を楽しんでいる先住民族の例がかなりある。国連の貧困の定義は一日の収入が一ドル以下の生活をしている人々のことを言うが、心の豊かさを測ってみることができれば、年間の自殺者が三万人を超え、毎日のように親殺し、子殺しが報じられる社会と一日一ドルの生活でも家族の懸命の努力で支えあって生きている人たちとどちらが良い暮らしか簡単には結論を出せないのではないか。国や民族を超えて考えてみると、この目標値がきついハードルと感じるか感じないか両方の可能性があるであろう。CO_2の排出量取引のように多消費の国はエネルギーの低消費国からエネルギーの使用権を買うことも検討に入れれば、グローバル競争の弊害である地域格差の解消に役立つことも期待される。もっと言えば究極のテロ対策になる可能性だってある。

江戸時代の生活が極めて循環型の生活形態であったことは、さまざまな文献に残されているが、象徴的なのは江戸では、し尿が売り買いされ、農業の再生産に役立てられていたという事実がある。その頃、パリでは、し尿は道路に捨てられ、花の都は鼻にきつい都市であったようだ。香水が生まれたのもそのためであるという。江戸では大概のものは江戸の近郊で栽培され文字通り地産地消の循環型経済であった。このような仕組みの中で豊かな文化も花開いたという事実は地球環境問題の下で新しい生活文化を模索する人には大いに参考にすべきものがある。今は、野鳥の保護のため廃れてしまったが小鳥の鳴き方を競い合わせる遊びや、カルタ取り、俳句、華道、茶道、香道など日本文化のかなりの分野が江戸時代に誕生している。そのほか、歌舞伎、相撲など発展を促し、お伊勢参りなど旅行さえ楽しんでいた。文化はものの豊さから生まれるのではなく、争いのない平和な社会の落とし子なのではないであろうか。

アクションプラン40
月に一回は自然に触れるNOエアコンデーを実施する

（4）アボリジニの伝承（価値観の転換を）

世界中にはこれまで数多くの民族が栄枯盛衰を経ながらも、現在の民族の暮らしや文化を伝承してきた。それらの中には、滅亡してしまっている民族もある。その多くの民族が、文字を持たず、その結果、その民族の歴史の大半が明確には残されていない。しかし、文字を持たなかった民族も自分たちの生活を後世に伝えたいと、いろいろな手段を用いてメッセージを残す努力をしている。そのことがイースター島の巨石や、ナスカの地上絵として我々に残されてきた。もし彼らが文字という文化を持っていたら人類の歴史は今日と全く異なったものとなっていたかもしれない。そして、現在緊急の課題とされている環境問題など起こすこともなく、また戦争の世紀と呼ばれた二〇世紀も不名誉な総括をされることもなかったかもしれない。その可能性は極めて高いと信ずるに足る事実がある。多くの現在生き延びている民族はアマゾンのある少数民族（ゾエ族）のように所有という概念がなく争いを避け平和に暮らし続ける民族もある。彼らの生活は、ものの豊かさはないが生きるために必要なものは十分にある。その生きるための糧は自然が与えてくれると信じている。そこにはテロもなく、肉親の間での殺し合いもない。近代化の対極にある彼らの生活に学ぶことは多い。さまざまなものを所有するのが豊かさの実現ではない。

今、日本で最低限求められているのが安心、安全である。食品の不当表示が発覚するたびに言われるのは、「もはや日本は水と安全はただでなくなった」という言葉である。生きるために食べることから、おいしいものをたらふく食べるために生きるといった逆転した発想が、競争社会の欠点を大きくさせ、悪貨が良貨を駆逐するという結果につながっている。さて、アボリジニも文字を持たなかったが、その代わりとなる文化の伝承のためのさまざまな方法を残している。例えば、彼らは、よく椅子を使わず地面に直接座り込んで話し合う。アメリカンインディアンも同じだが、これは極力自然の語る言葉をより深く理解し、肌に感じながら話すことの大切さを心得ているからである。地球の息吹に敏感でありたいという考えの実践である。さらに、オーストラリアの先住民族であるアボリジニはいろいろなものや場所を聖地としてあがめる。そして、それを犯すことを決してしない。たたりがあるからである。つい最近まで、日本でもそのような聖地があり、例えば鎮守の森とか、なんとか岩という類の伝承が生きていて、それらの伝承は鉄砲水の出るところとか、自然災害を起こしやすい地形であったりすることが多く、自然の猛威に対して真摯に向き合ってきた証であった。しかしそれらは古いと言われ開発の美名に隠されて次々になくなってきている。最近多くなった土砂災害も昔は手をつけてはいけないと言われた場所であることが多い。アボリジニはそれらの聖地は地球のエネルギースポットであるとして決して犯さない。技術でそれらのエネルギースポットを押さえられると考えた現代人とそれらを敬して触れない人々のどちらが正しい対応かは結果が示している。

そして、彼らの生活の基本は自然とともにあるということに尽きる。朝は文字通り日の出に始まり、夜は日の入りが活動の終わりである。もちろん石炭や石油の世話になることはない。時間の観念は大雑把で時間の効率など考えない。ひたすら自然の営みに合わせるだけである。効率を上げて、何をするのか。生産性を上げても余ったものは、捨てるだけであり、したがって必要とする以上の収穫はしない。彼らの考え方は、常に自然の声を聞き現在を生きるということである。近い将来も、遠い将来もなく、ただひたすらに現在を生き楽しむ。決して未来を案ずることをしない。心配すれば結局無理をすることになり、それは災いを招く。あまりにも多い日本の社会におけるトラブルの実態を見るとアボリジニの考え方の正しさに驚かされる。特に日本の最近の殺人を含む事件の半分が身内の間で起きている。家族を崩壊させる原因の多くは将来への不安が背景にあることは間違いない。いじめの問題も同じ原因である。仏教では悟りを説くが、日本にもかつては同じような考え方、生き方があった。日本人の中からそれらの教えは影も形もなくなってしまったのであろうか。伝統的な宗教は今日の事態をどのように考えているのであろうか。

アボリジニも死者を弔う宗教的儀式を持っている。彼らの基本的な死生観は輪廻転生という考えに近いものがある。死者の魂は死者の肉体を離れ、いずれ新しい命として戻って来る。そのために約一カ月、近親のものだけで喪に服す。その間魂が道に迷わないためである。魂の抜けた亡骸は大地に返すために土葬にする。死者を送ることが極めてビジネスライクに執り行われる日本の葬式に比較してとても人間らしいやり方である。それは効率や見栄とは縁遠いやり方である。アボリジニは大きな自然の営みの中で穏やかなやり方をもって死者を弔っている。自然とともに生きるとは、我々の想像を超えるものがある。自然と土地に対する基本的な認識には日本人とは大きな違いがある。例えば大地に聖なる感情を持つ彼らには、土地、すなわち自然を敬えば、その土地に個人の所有権を設定するなど考えもつかないものであるという。現代に生きている人は地球の歴史の中では、ほんの一瞬の通行人であって、土地は過去と未来の人との関わりのほうが強いのである。現在の同居人が私有財産と認めても、自然の改変につながるような土地利用は一個人に委ねられるものであるはずがない。

アクションプラン41

"蚊帳《かや》の思想"で生活しよう
邪魔者は消すのではなく遠ざけて共存する

(5) 日本の先住民族に知恵を借りる(気候風土の問題は彼らに学ぶべき)

日本の風土を考えて固有の暮らし方を考える際に、最も合理的、適切なヒントはその土地に暮らしてきた人々が一番詳しいと考えるのが自然であろう。日本の先住民族といえばアイヌの人々が一番有名であるが、彼らも現在はほとんど近代的な生活に溶け込んでいる。しかし、歴史的に見ればつい最近まで独自の文化を守ってきた。その生活は他の国にも見られるように生態系を壊すことなく持続可能な範囲での生活を維持してきた。主に食料として狩猟してきたエゾシカを生態系のバランスを壊さないように慎重に利用してきた。そのバランスとは当然捕食者の頂点に立つオオカミとの関係も含まれていた。最近、やってきた和人は、生態系に考慮することなく開拓に邁進して、ニホンオオカミを絶滅させ、その結果、エゾジカの大量増殖となり、駆除しなければならない事態を招いた。

また、アイヌ社会は独特の宗教観を持つが、神であるカムイの前に人々は原則平等であり、そのことがアイヌの文化の基本的なものとして、底流にあることが注目される。現代文明も原則論としては、法の下に全ての人は平等であるという理念は持っているが、事実としてあるのは国会議員の半数近くが二世、三世の議員で占められているという階級性の存在である。アイヌ文化の持つ平等性は西洋文明の実態とはかけ離れていただけに、迫害や同化への圧力はとても強いものがあった。

また、過去に遡れば、他にも固有の文化を継承し続ける人々がいた。それは森の文化と言われる、稲作を中心とした文化を守る人々がいた。その一つの到達点が江戸時代に花開いたさまざまな文化であった。当時の江戸は外国人（幕末に江戸を訪れたイギリスの園芸家ロバート・フォーチュン）によるとガーデンシティーと言われるほど緑の多い美しい都であった。その時代まで日本人は自然と良好な関係を築き〝森の民、海の民〟として生活をしてきた。それが日本の気候風土に対する正しい接し方なのである。そして、生活の基本原理は〝足るを知る〟であった。現代人は農業を自然とうまく付き合う人間の行為と考えがちであるが、農業も自然を壊さないやり方と自然を大きく改変してしまうやり方とさまざまである。私事になって恐縮であるが、私の祖父は一生、農業で生計を立ててきたが自分の仕事に対して誇りを持って生きた人であった。しかしそんな祖父が仕事について語るとき、口癖のように、百姓は〝カエル殺しのミミズ切り〟だと言って自然を壊していることを自覚して自らを戒めていた。周りの自然と絶妙な関係を築き暮らしを支えてきた。その考え方は蚊帳《かや》に象徴されるように、人間にとって邪魔なものは殺しつくすのではなく、人間と他の生物の生存地域とを優しい方法（完全な自然保護区を多く作る等）で隔てて、結果として生態系を保護する知恵があった。これら古き良き伝統をグローバリズムという名の〝闘争の文明〟に水没させては絶対にいけないと思う。

6　過去と未来の橋渡し（最も大切な見地）

アクションプラン42
子供は社会の宝。子供は地域社会で育てよう

過去に学ぶとして数々の事例を紹介してきたが、我々現代人は過去の人々の思いを未来に引き継ぐ役目を負っている。過去をしっかり学ぶとしてもそれをそのまま次世代に引き渡すのが良いかどうかは、非常に意見の分かれるところであろう。例えば、米国のペンシルベニア州に三五〇年前から、その当時の生活をかたくなに守っているアーミッシュと呼ばれる人たちがいる。彼らはアメリカにとっては先住民族ではなくヨーロッパから移住してきた人々である。そして、三五〇年前から基本的には変わらない暮らしを続けている。その暮らしの基本は厳しい宗教的な教えに従っているのであり、現代社会の基本である科学技術の便利さ

を捨てて暮らしている。彼らの生活の基本は〝従順、謙虚、質素〟であり、穏やかで控えめな人柄が望まれる。忍耐や、人と争わないことも美徳とされる。生活の虚栄を嫌い、他人のために役立つことが喜びで、そのために勤勉に働く。傲慢を嫌い、個人は他人に誇るべきなにものも持つ必要がなく（それどころか他人より優れたものを持つべきではないとされている）謙虚であろうとする。価値と考えている。現代の人は権利を求めて争い、競争に勝ち自己実現するのを最高の価値と考えている。アーミッシュは、個を輝かせるために、日夜闘争をしているその他の現代人の実態と正反対の暮らしを三五〇年も続けている。彼らを古いと言って片隅に押しやることもできるが、現代の諸問題解決のために強烈な情報を発信していると感じられないか。日本では少子化が問題となっているが、アーミッシュの家庭では平均で八～一〇人の子供を持つという。彼らの生き方は、経済的な理由で子供を作れないなどと言わない。もちろん宗教の戒律に従ってのことであるが。自殺者が三万人を超え（未遂を含めると四〇万人を超える）、子殺し、親殺し、無差別殺人など種の生命力の低下に歯止めが利かない社会とは無縁の暮らしである。日本でも子供は社会の宝であるとつい最近まで言っていたのに。アーミッシュの世界では、自己実現より命をつないでいくことが高位の価値と認められていると考えられる。この思想を現代社会にそのまま導入することはできないが、このような考え方もあるということは一度考えてみる価値があろう。今の日本に緊急に求められているのが安全、安心な社会の実現と言われるが、全員を競争に駆り立てるルールを押し付け、その結果がどうなろうと競争の結果が最終結論になってしまう社会は決してやさしい社会ではありえない。アーミッシュのように社会の役に立つことは求められるが、人より優位にあることを求められない社会は現代社会よりずっと安心の得られる社会であろう。そして、結果として安全な社会となることが可能になる。

何度も述べているように、一九世紀から二〇世紀、そして二一世紀の初頭も人間にとって好ましい環境を各地で破壊してきた。あのエネルギーを使わない持続可能な時代に戻してやって、ドレスデンの街の復興再現のように、昔のままに復元してやれば、未来の人に引き継ぎが解決したことになるのか。まず、第一に、地球環境問題には、コンピューターゲームのように、間違えて結果が思わしくないときするようなリセットボタンはついていない。またトランプのように自分のもらった手が良くないときに使う全取り替えのような奇手もない。ただあるのは、過去のデータと現在の状況である。そしてその現状が思わしくないことが人類の歴史の中で急に言われだしたのである。急にという言葉に対してもっと早くから警告を発した人は異論があるであろうが、自然や、宇宙時間から見ればほんの一瞬であることに変わりはない。これから考えなければならない未来の時間から言っても現代は一瞬である。これから一万年先の子孫がいるとして現在の環境騒ぎはおそらく人間によってもたらされたグラフ上の特異点として分析されるであろう。さまざまなデータがこの一〇〇年間の異常性を示している。エネルギー消費を例にとって見ればこの一〇〇年のグラフは時間とともに弓なりに上がっているのは誰でもが知っていることである。

二〇五〇年までにCO２の排出量を現在の半分にしようとアドバルーンを揚げた首相がいたが、それで環境問題が根本的に解決しますと言えるのかどうか。科学的考えはこの問題の解決を与えはしないと思うが、それでもなお、科学的知見として意見を述べる人は急激な変化は避け、減少のスピードを巡航速度、すなわち持続可能な連続性のある縮減に留めることができると意見を述べるであろう。その議論に合わせるとしたら、これからの四十数年の軌道修正の値は過去四十数年の変化の逆の道を少なくとも歩まねばならないであろう。それでやっと特異点として突出したグラフを連続性のあるグラフに修正できたと言える。それが必要最小限で、それでも、これまでの一〇〇年間に失われた生物の多様性の問題は解決されないし、資源の枯渇の問題も相変わらず進行しつづけるであろう。この失われた一〇〇年の治療と癒やしは大きな課題として残ることになる。先ほどの未来のターゲットを四十数年前の数字に戻すということはエネルギー消費を現在の一〇万キロカロリー（化石燃料による部分）から一〇分の一以下にすることを意味する。さらに、発展途上国のエネルギー消費の増大を考えると先進諸国はさらに大きく努力しなければならない。それは、ちょうど昭和三〇年の国民一人当たりの消費エネルギーであり、その頃の生活は今ほど便利ではなかったかもしれないが、老人の孤独死の多発や、餓死者が日本で年間五〇人に及ぶという悲惨な状況はなかった。この頃は現在の世相のような尊属殺人も、ずっと少なく、成人病も少なかった。貧乏人は麦を食えと言われても大衆は明日を夢見て瞳を輝かせて働いていた時代である。貧乏は人を不幸にさせるものではなく、強すぎる欲望が人を不幸にするのであり、格差が人を惨めにするのである。残念ながら、〝隣の芝生はきれいに見える〟というのは真実である。競争によって生産の効率を上げ欲望を肥大化させ、人を余分な消費に駆り立てる資本主義は基本的に物財や消費を拡大させる社会のルールである。そして統計上の数字は大きくなってくるが、それと国民の幸せとは極論すれば逆比例しているような気がする。ファッションとグルメで大切な資源を無駄に消費させ、お笑いのドタバタを見て喜んでいるのは、あのローマ帝国の市民の〝パンとサーカス〟（まえがきに注あり）の逸話にどうしても思いついてしまう。旅番組はその両方を兼ねている。物質の総量が環境を無視して拡大してもその配分の方法に誤りがあれば、庶民に配分されることなく為政者が独り占めしてしまうことも起こる。ブータンの国王のＧＮＨ（国民の幸福の増大を図る）政策ではないが、一万キロカロリーの世界でも富の配分が正しければ、最大多数の最大幸福が実現できる可能性は高い。そして、国民は美しい社会を作れる。問題は〝パンとサーカス〟に慣れきった国民にそのことをどうやって理解してもらうかである。科学技術で環境問題を解決できると言う人がいるが(アンケートの結果でも出ている)、それは科学という仮面をかぶって国民に安逸の夢を見させて騙す、いつもの手であることを感じ取らなければならない。科学技術が本質的に悪いものではなく、科学技術には光と陰があるということをしっかり認識し盲目的な期待をするべきではないと考える必要がある。このことを含めて粘り強い説得のみが国民を覚醒させるのであって、良いことを言っても一年で投げ出してしまえば、むしろ高邁な思想に汚点をつけてしまいかねない。

本題に戻して、エネルギー消費の目標数字が決まったらそれを実現するための一つの手段、道具として科学技術が使われることに反対はしない。問題は生活のありようを変えることが絶対不可欠で、それは、人文科学、社会科学の分野の問題である。そしてこの持続可能な生活のあり方は常に疑問を抱いてチェックし、検証されねばならない。グラフが安定したフラットな定常状態を示すまで、そのことは続けられる必要がある。これが過去と未来を結ぶ役割を担わされた現世代の重い課題である。この課題に取り組むには、くどいようであるが科学技術にばかり頼るのではなく、人類の長い歴史に学び、特に、産業革命以前の持続可能で循環可能であった暮らし方に注目しなければならない。その手掛かりは、世界各地に今なお伝統的な生活を送っている先住民族の暮らしや、価値観に先入観なしに心から学ぶつもりで、教えを乞うことが肝要である。特に、現代人が自己の欲望にあまりにこだわると、人類の永続性との折り合いのつけ方は最も険しい対立軸になると考えられる。環境対応の先進国が憲法にそのことをうたっているのは、環境問題の意味することを正しく理解しているからにほかならない。肝心なことは、古いとか、非科学的だとか言って学ぶ姿勢を持たないことがないようにすることである。現在の間違った暮らしや生活のあり方に問題があるから環境の変化が起きているのであって、原因は我々自身が引き起こしているという認識に立って考えることである。この認識に立って初めて環境問題の意味することと、その対応策がおぼろげながら目に浮かんでくる。

7　まとめ（競争から協調へ）

地球環境問題とは

①目的は人類の恒久的生存のための条件を求め、それを維持すること。これは、現在の豊かさや幸せの追求、実現よりも高位の価値である。

②人類共通の問題であり、地球規模の問題である。影響は宇宙まで及ぶ。
③世代間の衡平の問題である。少なくとも過去と未来の数千年に及ぶ。
④科学技術だけでは解決はしない。価値観の転換が必要である。
⑤行動は、ただちに起こさなければならない。時間的余裕は少なく、緊急時であると認識すべきである。
⑥具体策の一つはエネルギー消費の目標値を達成するためにあらゆる知恵を出し行動することである。
⑦この問題は空間と時間を超えて強調してこそ実現できる。
その他、個別の具体策は他章にある通りである。

（鈴木　啓允）

第1章の参考文献

・山折哲雄編著『環境と文明—新しい世紀のための知的創造』NTT出版（二〇〇五）
・山本良一『温暖化地獄 Ver.2 —脱出のシナリオ』ダイヤモンド社（二〇〇八）
・レスター・ブラウン、『プランB3・0　人類文明を救うために』ワールドウオッチジャパン（二〇〇八）
・Thomas Friedman, *Hot, Flat, and Crowded*, FSG (2008)

第2章の参考文献

・朝日新聞、朝日新聞二〇〇六年一〇月調査
・平成一九、二〇年 環境循環型社会白書、平成一八年環境白書
・企業統治・倫理の論文集—安藤顕
・経済産業省、資源エネルギー庁、国土交通省、自治体資料
・各企業の資料（環境・社会、CSR報告等）

第3章の参考文献

・加藤尚武編『環境と倫理』有斐閣、（一九九八）
・ドネラ・H・メドウス+デニス・L・メドウズ+枝廣淳子著『地球のなおし方』ダイヤモンド社、（二〇〇五）
・エリザベス・ロジャーズ、トーマス・M・コスティジェン著、高橋由紀子訳、枝廣淳子解説『グリーンブック』マガジンハウス（二〇〇八）

・内閣府国民生活局『エコライフ・ハンドブック２００８』

第４章の参考文献

・加藤尚武著『資源クライシス』丸善株式会社（二〇〇八）
・セヴァン・カリス＝スズキ著『あなたが世界を変える日』ナマケモノ倶楽部　学陽書房刊（二〇〇三）
・作道洋太郎著『住友財閥史』教育社（一九八七）
・宮脇 昭著『鎮守の森』新潮文庫（二〇〇七）
・ワンガリ・マータイ著　福岡伸一訳『モッタイナイで地球は緑になる』㈱木楽舎刊（二〇〇五）

第５章の参考文献

・ジム・ノルマン著　草川淳訳『地球は人間のものではない』晶文社（一九九二）
・日本生態系協会『環境教育が解る事典』柏書房（二〇〇一）
・石川英輔著『江戸と現代』講談社（二〇〇六）
・海美央著『アボリジニの教え』ＫＫベストセラーズ（一九九八）
・シーア・コルボーン、ダイアン・ダマノスキー、ジョン・ピーターソン・マイヤーズ著　長尾力訳『奪われし未来』翔泳社（一九九七）
・レイチェル・カーソン著　青樹簗一訳『沈黙の春』新潮社（一九七四）

あとがき

日本のマスメディアは、ホットな話題しか取り上げない傾向がある。テレビや新聞を通して世の中の動きや世間の物の考え方を知るわれわれ一般人は、メディアの取り上げなくなったことには関心が薄れてしまう。自分が特に興味を持つ話題については情報を得ようとするが、そうでない問題についてはもはや追いかけようとはしない。地球環境というテーマは多くの人にとって後者に属する問題であったようである。二〇〇八年七月の洞爺湖サミットの前には都心の大手書店の店頭に「環境」のコーナーがあり、五〇〇〇種類に近い環境関連書籍が棚を占めていたが、今やその四分の一くらいしか陳列されていない。メディアに登場する環境関連記事もサミットが終わると大きく減ってしまった。これは、「世間」にとって「環境」テーマがもう賞味期限を過ぎてしまったことを表している解釈できる。目下は米国のサブプライム問題に端を発した世界経済の強烈な乱気流に日本社会も個人も巻き込まれて、環境問題どころではなくなったという状況かも知れない。

しかし、地球環境の悪化は経済問題を上回る、ゆるがせに出来ない大問題である。海外で報道されている地球環境の実態は日本で報道されているものよりずっと緊迫している。今のうちに有効な手を打っておかないと問題はますます大きくなって取り返しのつかないことになりかねない。国際社会の環境問題への取り組みは非常に真剣である。立ち遅れていた米国はオバマ新大統領が温暖化対策に極めて前向きに取り組むとともに、クリーンエネルギー開発等環境関連で五〇〇万人の雇用を創出する方針をたてている。環境先進国だと思っている日本は実際にはかなり遅れを取っている面がある。そのような実態を少しでも日本の社会に伝えること、そして地球上に人類が少しでも長く生存できるために日本の社会や個人が地球環境の保全についてどのようなアクションを取るべきかを提案することが本書の目的である。地球環境を保全するために、一人でも多くの人が考え、そして具体的に行動に移すことが何よりも重要であると考えている。

本書では、地球環境保全のための42のアクションプランを提案した。第1章では地球環境の実態と国際社会の取り組み状況を報告している。第2章では地球環境保全のために行政や産業界がどのような対応を取るべきかについて15のアクションプランを掲げた。第3章は市民として消費者としてどのように行動すべきかの8つのアクションプランを、そして第4章では温暖化防止の切り札である植林についての9つのアクションプランを示している。第5章では私たちの際限なく拡大した欲望を転換して自然と適合した生活を追求することが地球環境保全のために最も大切であるとの考えの下に10のアクションプランを呼びかけている。

宇宙船地球号は、空調システムが変調をきたして温暖化が進んでいるだけでなく、もともと地球号に積み込まれていた資源や船内で生産可能ないろいろの資源、たとえば水、食糧、エネルギー、金属などは供給を大きく上回る消費により減少し涸渇しつつある。その上に、人口増加によって乗組員の数は大幅に増えつつあるのだ。このままでは遠からずして地球号の船内に大混乱が起きることは避けられない。乗組員である読者の皆さんが、このような状況を真剣に捉えて、一人ひとりが自分のできるアクションを考え、それを実行されることを心から期待してやまない。

末筆ながら、日本経営倫理学会長である小林俊治早稲田大学教授に、本書の帯に我々の主張の核心を捉えた推薦メッセージ（ライフスタイルを根本から見つめ直し、生命をつなぐことの尊さを訴える）を頂いたことに心からお礼を申し上げたい。

また、本書の出版にあたりご尽力をいただいた三和書籍の高橋社長と関係者に深甚なる謝意を表したい。

二〇〇九年三月

安藤　顕
佐藤　陽一
鈴木　啓允
瀬名　敏夫
菱山　隆二
古谷　由紀子

執筆者紹介（五〇音順）

安藤　顕（あんどう　けん）〔第2章担当〕
東京大学教養学科卒。日本経営倫理学会・米国経営倫理学会会員。マネジメントプランニング代表。元経済同友会経営委員（三菱レイヨン㈱入社、三菱レイヨンドブラジル社長、太陽誘電常務取締役等を歴任）。日本語、英語による論文多数あり。

佐藤陽一（さとう　よういち）〔第4章共同担当〕
青山学院大学経済学部卒。日本経営倫理学会評議員、米国経営倫理学会会員（日本興業銀行入社、東京シティファイナンス㈱常勤監査役、㈱良品計画社外監査役、旭ダイヤモンド工業㈱社外監査役を歴任）。著書：『新任監査役実践マニュアル』中央経済社刊、『新世紀〈経営の心〉』（共著）英治出版刊、『談合がなくなる』（共著）日刊建設工業新聞社刊。

鈴木啓允（すずき　ひろみつ）〔まえがき・第5章担当〕
早稲田大学理工学部卒。同大学大学院博士課程修了。コロラド大学にて、マスターオブサイエンス取得。日本経営倫理学会会員。鈴中工業社長、会長を経て、現在NPO法人建設環境情報センター理事長代行兼専務理事。弘前大学、ものつくり大学、国士舘大学などで技術者倫理等教鞭をとる。また様々な講演、執筆活動にあたる。著書：『技術者社会の崩落』、『サステイナブル建設経営』、『はじめに技術者倫理ありき』、『談合がなくなる』（共著）、いずれも日刊建設工業新聞社刊。

瀬名敏夫　（せな　としお）　［編者、第4章共同担当・あとがき担当］
東京大学法学部卒。日本経営倫理学会国際委員。米国経営倫理学会会員。経営倫理実践センターフェロー、中央大学政策文化総合研究所客員研究員、（住友商事株式会社入社、同社理事を経て、元住商オートリース株式会社専務取締役）。英語、日本語の論文多数あり。
著書：『談合がなくなる』（共著）　日刊建設工業新聞社刊。

菱山隆二　（ひしやま　たかじ）　［第1章担当］
ICU卒。南加大学大学院E・C終了。ベントレー大学経営倫理センター特別客員研究員。企業行動研究センター所長。企業倫理・企業の社会的責任（CSR）・社会的責任投資（SRI）に関する企業コンサルティング、大学出講、NPO活動に従事。日米の経営倫理学会会員。（三菱石油に四十年間勤務、顧問を最後に退任）。
著書：「会社員のためのCSR経営入門」（共著　第一法規）、「社会的責任投資の基礎知識」（共著、岩波）、「倫理・コンプライアンスとCSR」（経済法令研究協会）、「ビジネス倫理10のステップ」（共訳　社会経済生産性本部）ほか。

古谷由紀子　（ふるや　ゆきこ）　［第3章担当］
中央大学法学部卒。日本経営倫理学会・米国経営倫理学会会員。消費生活アドバイザー、マネジメントコンサルタント。（社）日本消費生活アドバイザー・コンサルタント協会（消費者志向マネジメントシステム特別委員長）。消費者関連の論文多数（日本経営管理者協会賞など受賞）、雑誌寄稿や企業の環境・社会報告書への第三者意見への執筆掲載も多数。

環境問題アクションプラン42

——意識改革でグリーンな地球に！——

2009年　4月　30日　　第1版第1刷発行

著　者　　地球環境を考える会

発行者　高　橋　　考

発行所　三　和　書　籍

〒112-0013　東京都文京区音羽2-2-2
TEL 03-5395-4630　FAX 03-5395-4632
sanwa@sanwa-co.com
http://www.sanwa-co.com

印刷／製本　新灯印刷株式会社

ISBN978-4-86251-058-7 C3030

三和書籍の好評図書

Sanwa co.,Ltd.

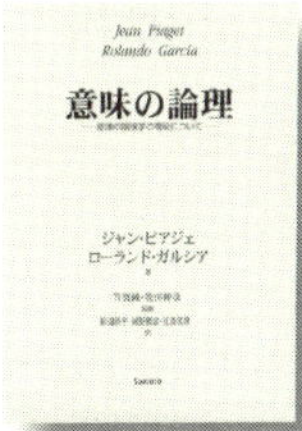

意味の論理

ジャン・ピアジェ / ローランド・ガルシア 著 芳賀純 / 能田伸彦 監訳
A5 判 238 頁 上製本 3,000 円＋税

●意味の問題は、心理学と人間諸科学にとって緊急の重要性をもっている。本書では、発生的心理学と論理学から出発して、この問題にアプローチしている。

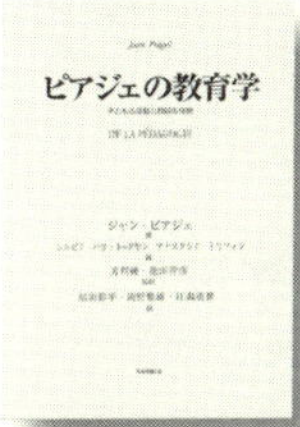

ピアジェの教育学 —子どもの活動と教師の役割—

ジャン・ピアジェ著 芳賀純／能田伸彦監訳
A5 判 290 頁 上製本 3,500 円＋税

●教師の役割とは何か？　本書は、今まで一般にほとんど知られておらず、手にすることも難しかった、ピアジェによる教育に関する研究結果を、はじめて一貫した形でわかりやすくまとめたものである。

天才と才人

ウィトゲンシュタインへのショーペンハウアーの影響

D.A. ワイナー 著 寺中平治 / 米澤克夫 訳
四六判 280 頁 上製本 2,800 円＋税

●若きウィトゲンシュタインへのショーペンハウアーの影響を、『論考』の存在論、論理学、科学、美学、倫理学、神秘主義という基本的テーマ全体にわたって、文献的かつ思想的に徹底分析した類いまれなる名著がついに完訳。

フランス心理学の巨匠たち

〈16 人の自伝にみる心理学史〉

フランソワーズ・パロ / マルク・リシェル 監修
寺内礼 監訳　四六判 640 頁 上製本 3,980 円＋税

●今世紀のフランス心理学の発展に貢献した、世界的にも著名な心理学者たちの珠玉の自伝集。フランス心理学のモザイク模様が明らかにされている。